女性心理学

（Karen Horney）

［美］卡伦·霍妮 著

李健华 译

FEMININE PSYCHOLOGY

世界图书出版公司

北京·广州·上海·西安

图书在版编目（CIP）数据

女性心理学 / (美) 卡伦·霍妮著；李健华译. -- 北京：世界图书出版有限公司北京分公司, 2025. 6. -- ISBN 978-7-5232-2140-2

Ⅰ．B844.5-53

中国国家版本馆CIP数据核字第20254NA266号

书　　名　女性心理学
　　　　　NUXING XINLIXUE

著　　者　［美］卡伦·霍妮
译　　者　李健华
责任编辑　李晓庆
装帧设计　黑白熊

出版发行　世界图书出版有限公司北京分公司
地　　址　北京市东城区朝内大街137号
邮　　编　100010
电　　话　010-64038355（发行）　64033507（总编室）
网　　址　http://www.wpcbj.com.cn
邮　　箱　wpcbjst@vip.163.com
销　　售　新华书店
印　　刷　三河市国英印务有限公司
开　　本　880mm×1230mm　1/32
印　　张　10.5
字　　数　205千字
版　　次　2025年6月第1版
印　　次　2025年6月第1次印刷
国际书号　ISBN 978-7-5232-2140-2
定　　价　79.80元

导读

1935年，弗洛伊德说他在1912年达到了精神分析工作的顶峰[①]。他补充说："自从我提出了关于两种本能（爱和死亡本能）存在的假设，并且自从我（在1923年）提出将心理人格划分为自我、超我和本我之后，我就没有对精神分析做出进一步的贡献。"

1913年，卡伦·霍妮在柏林获得了医学学位，并在那里完成了精神病学和精神分析的培训。1917年，她写了她的第一篇精神分析论文[②]。1920年，她已经成为新成立的柏林精神分析研究所教学人

[①] Sigmund Freud, "An Autobiographical Study," *Collected Papers*, Vol. XX (London. The Hogarth Press, 1936; New York, W.W. Norton & Co., Inc., 1952).

[②] Karen Horney, "Die Technik der psychoanalytischen Therapie," *Zeitschr. f. Sexualwissenschaft*, IV (1917).

员中的重要一员。1923年，她发表了关于女性心理学的系列论文^①的第一篇——《论女性阉割情结的起源》（在本书中收录）。

弗洛伊德几乎比霍妮大30岁。当霍妮在一生中最富有成效的时期接受训练的时候，弗洛伊德已经度过了他最富有创造力的时期。弗洛伊德是在1935年做出自我评价的，部分原因是"一种恶性疾病"的痛苦已经开始干扰他的生活和工作。1923年之后，弗洛伊德的兴趣又转了一圈，在他的最后一本书《摩西与一神教》（1939年）中达到顶峰。"在落到自然科学、医学、心理治疗上之后，我的兴趣又回到了很久以前——当我还是一个不足以思考的年轻人的时候——吸引我的文化问题上。"^②

科学和文化理论，就像人类一样，有自己的节奏。它们的周期和不断变化的焦点，反映在为它们做出贡献的一代代人身上。同样，在回顾精神分析运动的历史时，我们看到了解释行为的不同方

---

① "The Masculinity Complex of Women" ("Der Männlichkeitskomplex der Frau"), *Arch. f. Frauenkunde*, XII (1927), pp. 141-154; "Psychological Suitability and Unsuitability for Marriage" ("Psychische Eignung und Nichteignung zur Ehe"), "On the Psychological Conditions of the Choice of a Marriage Partner" ("Über die psychischen Bestimmungender Gattenwahl"), "On the Psychological Roots of Some Typical Marriage Conflicts" ("Über die psychischen Wurzeln einiger typischer Ehekonflikte"), *Ein biologisches Ehebuch* (Berlin and Köln, A. Marcus and E. Weber, 1927); "The Distrust Between the Sexes" ("Das Misstrauen zwischen den Geschlechtern"), *Psychoanal. Bewegung*, II (1930), pp. 521-537.

② Freud, *op. cit.*

法①。在这个导读中，我的重点将放到弗洛伊德和霍妮的女性心理学思想的出现上。

一个天才超越他成长的世界是有限度的。实现彻底的飞跃——找到一种新的科学范式②，一种新的统一的宇宙世界观，需要另一代人的努力。

弗洛伊德本身是19世纪的"产物"。启蒙运动促使人们推崇个人尊严和理性。科学的方法论在自然科学领域取得了重大的进步。当西方人还难以接受宇宙日心说的时候，又受到了达尔文进化论的猛烈冲击。不久之后，西方人将面对弗洛伊德关于无意识的观点。

当然，弗洛伊德所处环境的某些方面也影响了他的观点。他出生在奥地利摩拉维亚省的弗莱堡，是被排斥的少数群体的一员，在一个传统的犹太家庭——其中男人是主人，女人是次要的存在——中长大。母亲对他的明显偏爱，肯定进一步证实了这种父权制的重要性。衰败的奥匈帝国和信奉天主教的维也纳给他留下了深刻的印象，维多利亚时代拘谨、清教徒式和虚伪的性观念也给他留下了深刻的印象。作为一名男性天才，弗洛伊德基于解剖学的不可变

---

① Harold Kelman and J. W. Vollmerhausen, "On Horney's Psychoanalytic Techniques, Developments and Perspectives," *Psychoanalytic Techniques*, ed. B. B. Wolman (New York, Basic Books, 1967).

② Thomas S. Kuhn, *The Structure of Scientific Revolutions* (Chicago, The University of Chicago Press, First Phoenix Edition, 1964), p. 159.

性——"解剖学就是命运"（得到了19世纪科学的理论和方法的支持），发展了一种以男性为导向的心理学。

弗洛伊德说："精神分析是科学的一个分支，赞同科学的世界观。"[1]事实被认为是与科学实验相关的数据。事实可以被观察、测量和客观化。它们可以在重复实验中得到控制，带来预期的结果。这些实验将用于检验假设。当这些假设得到公开验证后，可能被称为定律。

19世纪的科学关注的是基于严格决定论的封闭系统。在受这种思维体系影响的精神分析治疗情境中，精神分析师和患者所处的环境被认为是固定的坐标。因此，在弗洛伊德的实验研究中，患者被视为唯一的变量，并被视为一个孤立的对象，这与自然科学的方法论一致。

20世纪的自然科学结构变得不那么严密，允许存在不同程度的决定论。同样，在精神分析的情境中，环境和患者作为相互依赖的因素而变得越来越重要。此外，美学、道德和精神价值在19世纪不被认为是科学的关注点，因此精神分析的调查方法不涉及它们，但它们在20世纪的科学中占据了中心地位。

卡伦·霍妮出生在汉堡的一个中上层新教家庭。她的父亲是

---

[1]　Sigmund Freud, *New Introductory Lectures* (New York, W. W. Norton & Co., Inc., 1965), p. 181.

一个虔诚的教徒，她的母亲是一个自由思想家。卡伦·霍妮在十几岁的时候对宗教产生了一段时间的热情，这在当时的青春期女孩中是很常见的。她的家庭在经济和社会上都有保障。她的父亲贝恩特·亨里克·瓦克尔斯·丹尼尔森是一名挪威船长，后来成为德国公民，再后来成为北部德国劳埃德航运公司的船长。霍妮年轻时曾随父亲长期在海上航行，从此开始了她一生对旅行的热爱和对陌生和遥远地方的兴趣。她的母亲克洛蒂尔德·玛丽·范·龙泽伦是荷兰人。

弗洛伊德和霍妮出生时的环境反差是惊人的。弗洛伊德出生时，他的父母生活条件很差。当时，捷克反对奥地利统治的民族主义抬头，并且对讲德语的犹太少数民族充满敌意，这使他们的社会状况变得更糟。他的父亲是一名羊毛商人。纺织业的衰落迫使全家在弗洛伊德三岁时搬到了维也纳。弗洛伊德在十二岁的时候，就目睹了父亲被一个非犹太人羞辱时表现出"失意的顺从和缺乏勇气"[①]。这种情况使弗洛伊德感到不安，他在中年时才不再需要取代他被摧毁的父亲理想。

虽然霍妮花了很多时间和父亲一起远航，但对她影响最大的还是她的母亲。由于父亲长期而频繁地外出，她花了更多时间和她活

---

① F. G. Alexander and S. T. Selesnick, *The History of Psychiatry* (New York, Harper & Row, Publishers, 1966), pp. 186-187.

泼、聪明、美丽的母亲在一起,母亲喜欢卡伦的哥哥贝恩特。霍妮很尊敬他,也很依恋他——尽管在她十几岁之后,他在她的生活中扮演了有限的角色。

在19世纪末,女性决定成为一名医生仍然是不寻常的,卡伦·霍妮在母亲的鼓励下做了这件事。她去柏林接受医学、精神病学和精神分析的训练。她从未在她的著作中说明过她选择精神分析师这一职业的原因。她是一名优秀的学生,通常在班上名列第一。她的能力和人格赢得了教授和男同事的尊重。

1909年,24岁的她嫁给了柏林的律师奥斯卡·霍妮,并与他生了三个女儿。由于兴趣不同以及霍妮越来越多地投身精神分析运动,她于1937年与丈夫离婚。平衡母亲和职业女性角色,以及离婚的经历,可能是她对女性心理学越来越感兴趣的原因之一。然而,我觉得,她的兴趣更多地是由她对精神分析的投入、对调查的热情和对临床观察的敏锐所决定的。作为一名治疗师,她还发现了弗洛伊德的精神分析理论与应用这些理论后出现的治疗结果之间的差异,这也激发了她对女性心理学的兴趣。

霍妮一生中大部分时间都在柏林度过,那也是第二帝国兴衰和德皇统治的时期。虽然受到这些事件的影响,但她对政治的兴趣有限。虽然她肯定意识到女性的不平等地位,但我并不觉得她对女性心理学的兴趣受到她对女性社会学地位的观察的很大影响。希特勒的崛起也不是她于1932年前往美国的决定性因素。尽管卡伦·霍妮并不热衷于社会运动，但她对社会问题和世界形势了如指掌，并慷慨地支持救济组织和自由主义事业。1941年，她相当明确地表明了自己作为反法西斯主义者的立场，并表达了她的看法："与法西斯意识形态形成鲜明对比的是，民主原则维护了个人的独立和力量，维护了个人的幸福权利。"①

首先分析霍妮的是卡尔·亚伯拉罕——弗洛伊德认为他是自己最能干的学生之一，然后是汉斯·萨克斯，他对弗洛伊德的态度是崇拜的。这些忠实的信徒给霍妮做精神分析很可能会促进她对弗洛伊德观点的坚持，而不是偏离。

然而，卡伦·霍妮的出身和早期生活经历使她有了更广阔的视野。她对20世纪的科学非常感兴趣，这肯定会促使她成为一名医生和精神分析师。在学生时代，她被柏林的国际化氛围所感染，特别是剧院的活力和导演马克斯·莱因哈特的作品感染了她。

当精神分析的基础已经建立并逐渐在世界范围内被接受时，她成了精神分析的学生。第一次世界大战后，聚集在柏林的男男女女年轻且充满活力。随着1920年柏林精神分析研究所的成立，精神分析迎来了一个伟大的时代。许多在那里学习和接受训练的人提出了

---

① Karen Horney, "Biography," *Current Biography*, Vol. II, No. 8 (New York, H.W. Wilson Co., August 1941), pp. 27-29.

在接下来的五十年里做精神分析需要遵循的基本原则。

到1923年，"经典精神分析方法"——一种"以五种不同观点为特征的心理学"——已经被淘汰。地形学观点（第一种观点）认为"精神分析是一种深度心理学，对前意识和无意识的心理活动具有特殊的意义"。第二种观点是"现在的行为只能通过过去来理解"。这种遗传取向意味着，心理现象是"环境经验和生物发展、心理和性结构相互作用的结果"。动态观点（第三种观点）指的是这样一个命题，即人类的行为可以被理解为本能冲动和反本能力量相互作用的结果。第四种观点是经济学观点，"基于这样一个假设，即生物体有一定数量的能量可供支配"。

结构观点即第五种观点，"是一种可行的假设，把心理装置分成三个独立的结构……本我是人类本能的储存库，有解剖学和生理学的基础……本我受初级过程的支配，这意味着它按照快乐原则运作……自我是心理结构的控制装置……它组织和合成……自我的意识功能，以及前意识，都受到次级过程的影响……超我是心理装置发展的最新结构，它是俄狄浦斯情结消解的结果；在自我中出现了一个新的代理，有父母赏与罚的品质和价值观；自我理想和良知是超我的不同方面"。

"所有的神经症都是自我正常控制功能不足的结果，这要么导致症状出现，要么导致特征变化，或者两者兼而有之……从结构上来说，神经症冲突可以被解释为自我力量和本我力量之间的冲突……决定性的神经症冲突发生在童年早期……精神分析治疗的终极目标是解决婴儿神经症——成人神经症的核心，从而消除神经症冲突。"[①]

1917年，在弗洛伊德提出精神分析技术的原则的6年前，在《自我与本我》出版之前，卡伦·霍妮在她关于精神分析技术的论文中指出："精神分析可以解放一个手脚被束缚的人。它不能给他新的胳膊或腿。然而，精神分析告诉我们，许多我们认为是体质的东西，只不过是成长的障碍，是可以解除的障碍。"[②]此时她以成长为导向、肯定生命、追求自由的哲学理念已经很明显了。对她来说，体质并不是天生、固定不变的东西，是可塑的——通过与有机环境相互作用。因此，到1917年，卡伦·霍妮定义了"阻碍"[③]（blockage）这一概念，与弗洛伊德机械论的阻抗（resistance）概念形成对比。

她早年的构想必然会让她与支持弗洛伊德治疗神经症方法的精神分析师发生冲突。虽然霍妮认识到无意识力量的重要性，但她认为它们的维度和意义是完全不同的。因为在立场上，她并不认为

---

① R. R. Greenson, "The Classic Psychoanalytic Approach," *The American Handbook of Psychiatry*, ed. S. Arieti (New York, Basic Books, 1959). 这篇文章包含了权威的、简洁的、最新的关于弗洛伊德精神分析的介绍。

② Horney, "Die Technik der psychoanalytischen Therapie," *op. cit.*

③ Kelman and Vollmerhausen, *op. cit.*

"动力"一词指的是内在本能和反本能之间的冲突，而认为成长的自发力量和那些健康能量的扭曲之间的冲突是病态的。有机体中有一定量的可用能量的经济概念是19世纪科学的一个假设，弗洛伊德认为它适用于精神分析理论。这一概念适用于牛顿机械论宇宙中的封闭系统。霍妮的思想是开放系统的变形，类似于20世纪物理学的场论。弗洛伊德的取向不是基于生物学的，而是基于唯物主义哲学的。霍妮的观点植根于整体和有机哲学——使用的是一种场关系的语言，这种语言将环境和有机体定义为一个统一的过程，彼此相互影响。

霍妮在1917年面对的是三方的心理装置。她对人类自发性的假设根植于解剖学和生理学，质疑本我和破坏性本能的首要地位。她那追求自由的哲学对基于决定论的快乐-痛苦原则提出了质疑。霍妮断言，人之所以具有破坏性，是因为成长受到阻碍。弗洛伊德认为升华是一个次要的过程，而霍妮认为它是一个没有受到阻碍的成长的主要表现。因此，弗洛伊德的自我和超我所包含的功能在霍妮的理论结构中有了新的意义。

遗传观点认为，一种特定的行为只能根据个体的过去来理解，这一观点受到了霍妮关于实际情况[①]（actual situation）的概念的质

---

① Kelman and Vollmerhausen, *op. cit.* Karen Horney, *The Neurotic Personality of Our Time* (New York, W. W. Norton & Co., Inc., 1937), chap. VII. Karen Horney, *New Ways in Psychoanalysis* (New York, W. W. Norton & Co., Inc., 1939), chap. X.

疑。"实际情况"包括"实际存在的冲突和神经症患者试图解决这些冲突"和"他实际存在的焦虑和他建立起来的针对这些冲突的防御"①。"实际情况"为"现在"的影响——在遗传观点中被遗漏了——提供了位置和空间。

霍妮的早期观点与弗洛伊德的基本理论有许多不同之处。这种分歧有多大，只有在她后来的表述中才显现出来。霍妮最早关注的是弗洛伊德的力比多理论和他的性心理发展理论。这本书中的文章包含了她对这些理论的驳斥。正如我们只能推测霍妮自身发展中有哪些因素促成了她在1917年的思考方向一样，我们也只能总结那些导致她开始研究弗洛伊德理论，尤其是他的力比多理论中的遗传观点的事件。

在她1917年写的论文发表后，霍妮博士可能决定先不去细化论文中表达的观点——这些观点与弗洛伊德的哲学有很大差异。那时，她还是精神分析领域的新手，她的思想需要几年的时间才能充分成熟。在当时，许多精神分析师怀着批判的态度研究了弗洛伊德的力比多理论。到1928年，弗洛伊德进一步发展了力比多理论，在其中纳入了双重本能理论。

"在他最近的一些作品中，弗洛伊德越来越注意到精神分析研究中的某种片面性。"霍妮补充说，"我指的是这样一个事实：直

---

① *Ibid*., chap. VII.

到最近，人们还只是把男孩和男人的思想作为研究对象。原因是显而易见的。精神分析是一位男性天才的创造，而发展了他的思想的人几乎都是男性。我认为正确和合理的是，他们更容易发展出男性心理学，更多地了解男性的发展，而不是女性的发展。"[①]

与力比多理论相矛盾的临床观察也引发了霍妮博士早期对女性心理学的兴趣。她对社会哲学家格奥尔格·齐美尔的著作和人类学著作的兴趣，可能进一步引发了她对女性心理学的兴趣。显然，所谓的男性心理学和女性心理学必须形成，以便为她的全人类哲学铺平道路。

在精神分析训练期间和之后，霍妮所掌握和使用的是弗洛伊德性理论的哪些内容？弗洛伊德最早的理论（1895年）是一个假设，即性挫折是神经症的直接原因。他断言，在婴儿期表现出来的性本能，其目的是释放紧张，其对象是满足这种释放的人或替代物。根据弗洛伊德的说法，神经症患者在幻想中所做的事情和变态者在现实中所做的事情是一样的，而儿童是多形性反常。弗洛伊德将性的概念扩展到所有的身体愉悦、柔情以及对生殖器满足的渴望。

根据弗洛伊德的说法，人的性生活分为三个阶段。第一个阶段是婴儿期性欲阶段[②]，它进一步细分为口唇、肛门和生殖器阶段，

---

① 见本书第二章。

② Reuben Fine, *Freud: A Critical Re-evaluation of His Theories* (New York, David McKay Co., Inc., 1962).

并在俄狄浦斯情结中达到高潮。第二个阶段——在孩子的7岁到12岁，是潜伏期。此阶段从俄狄浦斯情结的解决和超我的建立开始。青春期是第三个阶段，大约在12岁到14岁，这一时期出现了性器官成熟、异性恋对象选择和性交。

弗洛伊德后来认为，力比多是心理能量的主要来源，对性和攻击性驱力来说都是如此（1923年），存在一个由不同的力比多阶段组成的发展过程。他假设，客体选择是力比多转化的结果，力比多的驱力可以通过反应形成或者升华得到满足、抑制和处理。人格结构是由本能——由生理决定——被处理的方式决定的。他进一步假设，神经症是因为在婴儿期性欲阶段发生了固着或退行。

弗洛伊德直到1923年[①]才完全阐明了"阴茎的首要阶段"（the phase of primacy of the phallus）。因为这是霍妮关于女性心理学论文的重要起点，所以我将引用格林森在《美国精神病学手册》中阐述的阴茎阶段这一相当重要的概念。

阴茎阶段大约在生命的第三年到第七年。在这个阶段，男孩和女孩的发育是不同的。在男孩身上，对阴茎敏感性的怀疑导致了自慰。通常，与母亲有关的性幻想进入自慰活

---

① Sigmund Freud, "The Infantile Genital Organization of the Libido," *Collected Papers*, Vol. II (London, The Hogarth Press, 1933).

动。同时，男孩感到父亲有竞争性，并对父亲表现出敌意。对母亲的性幻想和对父亲的敌意并存，弗洛伊德把这称为俄狄浦斯情结。男孩在这个时候发现女孩缺少阴茎，通常被他们解释为她们已经失去了这个珍贵的器官。他们对母亲的性幻想、因希望父亲死亡而产生的罪疚感，不断在他们心中激起阉割焦虑。因此，他们通常会放弃自慰，从而进入潜伏期。在女孩身上，发现男孩有阴茎而自己没有，导致她们对男孩产生厌恶，并将这种缺失归咎于母亲。结果，她们放弃了把母亲作为主要的爱的客体，转而求助于父亲。阴蒂是她们自慰活动的主要区域；阴道则未被发现。女孩幻想从父亲那里得到阴茎或婴儿，并对母亲怀有敌意。一般来说，由于害怕失去父母的爱，她们会慢慢地放弃她们的俄狄浦斯式努力，进入潜伏期。[①]

虽然弗洛伊德的临床观察一直受到高度重视，很少受到质疑，基于这些观察的理论建构却成为许多争议的中心。他经常说，他的主要兴趣是调查，他对治疗的兴趣是次要的。卡伦·霍妮的主要

---

① Greenson, *op. cit.*

兴趣是心理治疗，正因为如此，她作为一名教师[①]和督导师备受推崇。她在教学和培训方面的天赋表明了她在临床研究方面的天赋。

在讨论霍妮的论文《母性冲突》时，格雷戈里·齐尔博格[②]指出，它的一个特征"需要得到进一步强调"，即它是"临床性的精神分析……我希望，它能抵消技术问题和理论思考（经常妨碍而不是有助于阐明人类行为）这一异常强烈和不应有的流行趋势"。他强调需要"在临床情境中对临床现象进行临床观察"。因此，"我们再次回到了永恒的临床真理；根据这一真理，对正常和轻度神经症个体的研究只有在我们获得的知识——从对有严重病理的个体的深入分析中获得，这些个体不仅包括所谓的边缘性个体，而且包括精神病个体——的基础上才有可能"。

这些早期的论文揭示了霍妮对临床观察的兴趣，她收集数据的仔细程度，以及对弗洛伊德和她自己提出的假设的严格检验。在她1917年写的第一篇论文中，她说："精神分析理论是从应用这种方法的观察和经验中发展出来的。反过来，这些理论后来对实践产生了影响。"[③]首先是临床观察，然后是基于数据的假设。这些假设虽然在治疗情境中得到了进一步的检验，却影响着治疗过程。霍妮

[①] C. P. Oberndorf, "Obituary, Karen Horney," *Int. J. Psycho-Anal.*, Part II, 1953.

[②] *American Journal of Orthopsychiatry*, Vol. III (1933), pp. 461-463.

[③] Horney, "Die Technik der psychoanalytischen Therapie," *op. cit.*

从未偏离对仔细调查和临床研究的兴趣。她从未失去这种寻找、检验、修改、放弃假设，提出新假设的精神。

从临床数据出发，她可能产生一个临床构想，接着是一个摩尔假设，然后是一个更高层次的抽象假设。不相关的假设被连接到一个更高层次的一般性假设中。不支持某一特定公式的数据被进一步检验，并被新的理论解释。在《女性的受虐倾向》这篇最缜密的论文中，霍妮评论了弗洛伊德为阴茎嫉羡假说提供的数据。她写道："前面的观察足以建立一个有效的假设……然而，必须认识到，这个假设只是一个假设，而不是事实；事实也并非如此。作为一种假设，它甚至毫无疑问是无用的。"

霍妮博士对待精神分析的积极态度都在她发展女性心理学理论的过程中表现出来并发挥作用。在《逃离女性身份》一文中，她已经提到了"我的女性发展理论"。在《对阴道的否认：女性的生殖器焦虑》一文中，她使用了"作为一个整体的女性心理学"这一表述，并对弗洛伊德和海伦·多伊奇提出了尖锐的质疑。在这篇论文中，她反复提到"我的理论"，并用她的临床数据来支持自己的观点。虽然她写《女性的受虐问题》的目的是对受虐的经典诠释进行批判性评价，但她将自己的想法发展为对这个术语的广泛临床描述。她还推测了文化条件对受虐问题的影响。有了这些新的观点——从中可以看出她的心理动力学、现象学和文化学取向，她开始探索《我们这个时代的神经质人格》①中的主题（她认为神经症是文化对人——无论男女——的影响的后果）。

在本书的第一章《论女性阉割情结的起源》中，霍妮质疑了弗洛伊德关于阴茎嫉羡是女性阉割幻想的唯一原因的说法。霍妮博士把临床证据作为数据，继续解释说，男性和女性在试图掌握俄狄浦斯情结的过程中，往往会产生阉割情结或出现同性恋倾向。

在《逃离女性身份》一章中，霍妮用一个假定的阴茎阶段说明了阴茎嫉羡概念的延伸。这个概念有关一个生殖器官——阴蒂（男性将阴蒂视为阴茎）。霍妮引用了社会哲学家格奥尔格·齐美尔关于我们的社会"本质上是男性化的取向"的观点，认为通过"事后"推理假设存在一种原始的阴茎嫉羡，其有"强大的动力"的逻辑就成立了。

弗洛伊德的男性导向理论让霍妮"作为一个女人"惊讶地问道："那么母性呢？在自身内部孕育新生命的幸福意识呢？对这个新生命即将出现的期待带来的难以言喻的快乐呢？当这个新生命终于出现时的喜悦呢？"阴茎嫉羡概念试图否认和贬低这一切，可能是因为男性的恐惧和嫉妒。霍妮认为阴茎嫉羡不是一种不自然的现象，而是两性相互嫉妒和相互吸引的一种表达。由于俄狄浦斯情结的解决方法带来的问题，阴茎嫉羡成为一种后期发展的病理现象。

---

① Horney, *The Neurotic Personality of Our Time, op. cit.*

霍妮博士在《对女性的恐惧》中讨论了男性对女性的恐惧，这可能是男性阴茎嫉羡概念的原因。纵观历史，男性一直把女性视为一种阴险而神秘的存在，认为女性在月经来潮时尤其危险。男性试图通过否认和防御来处理自己的恐惧。他是如此成功，以至于女性自己早就忽略这一点了。男性用爱和崇拜来否认他们的恐惧，并通过征服、贬低和削弱女性的自尊来保护自己免受恐惧侵扰。

在同一篇文章中，霍妮博士强调，没有理由认为小男孩想要穿透母亲生殖器的阴茎欲望是施虐性的。因此，在每个案例都缺乏具体证据的情况下，将"男性"等同于"施虐狂"，将"女性"等同于"受虐狂"，是不可接受的。霍妮再次强调了"具体证据"的必要性，她也揭露了松散的理论化可能带来的不良影响。即使在经验丰富的精神分析师中，也有一种倾向，那就是认为女性是被动的、受虐性的，而男性是主动的、施虐性的。这样的观念是在这些未经证实的理论的基础上固定下来的。

霍妮博士还认为，阴茎嫉羡的概念也可能源于男性对女性的嫉妒。在研究女性多年后，霍妮开始分析男性，她惊讶地发现，男性对"怀孕、分娩、母性、乳房和哺乳行为有强烈的嫉妒"[1]。

格雷戈里·齐尔博格是一位精神分析师，也是霍妮的同时代人。他谈到"男性对女性的嫉妒，在心理上更古老，因此比阴茎嫉

---

① 见本书第二章。

羡更根本"。他补充说:"只要人们学会摒弃以男性为中心的面纱——迄今为止掩盖了许多重要的心理数据,毫无疑问,对男性心理的深入研究将带来大量具有启发性的数据。"[1]

博斯博士来自加尔各答,是一名精神分析师,同时是印度精神分析学会(1922年)的创始人。他写信给弗洛伊德:"我的印度患者没有像我的欧洲患者那样表现出如此明显的阉割症状。对成为女性的渴望,在印度男性患者身上比在欧洲患者身上更容易被挖掘出来……俄狄浦斯母亲通常是父母的综合形象。"[2]印度哲学、历史和文化模式培养了人们对女性的不同态度,这是古代(大约公元前5000年)印度母系氏族——当时女性实行多夫制,能够在日常生活的许多领域行使自己的权利——的现代反映。

玛格丽特·米德认为,在没有文字的群体中,许多男性的入会仪式的内容都是试图取代女性的功能。在这样的文化中,精心设计的成人仪式——通过这种仪式,男性不需要体验生产带来的任何不适,就可以获得产后女性的地位——几乎是普遍的[3]。

在历史上,无论是在母系制度下还是在父系制度下,都曾出现

[1] Gregory Zilboorg, "Male and Female," *Psychiatry*, VII (1944).

[2] G. Bose, "Bose-Freud Correspondence: Letter of April 11, 1929," *Samiksa*, 10 (1935). See also Bose Special Number, *Samiksa* (1955).

[3] Margaret Mead, *Male and Female* (New York, William Morrow & Co., Inc., 1949).

过两性和谐的时期。比较文化研究揭示了两性对另一方的功能和解剖学属性所产生的健康和病态嫉妒的实例。布鲁诺·鲍温通过对健康儿童和精神分裂症儿童的研究，以及对没有文字的群体的青春期仪式的研究发现，这些仪式的作用是"整合而不是释放反社会的本能倾向"。他的假设是"一种性别对另一种性别的性器官和性功能感到嫉妒"。除了对消极强调阉割焦虑的批判外，在对青春期仪式的解释中，他质疑弗洛伊德关于"儿童容易有多形性反常倾向"的观点。他更喜欢荣格的多价概念——是中性的和多潜能的①。

在《被抑制的女性气质：精神分析对性冷淡问题的贡献》中，霍妮博士认为"性冷淡是一种疾病"而不是"文明社会的女性的正常性态度"。她觉得其出现频率更应该归因于"超个体的文化因素"——我们以男性为导向的文化"不利于女性及其个性的展现"。

在《一夫一妻制理想》一章中，霍妮直面"有利于男性的有偏见的虚构"，即男性天生就有"一夫多妻制倾向"，她认为这是一种没有根据的断言。关于性交后可能怀孕的心理意义，尚无数据；也没有足够的证据支持，女性的性交冲动——一旦怀孕，这种冲动就会减弱——是由"可能的生殖器本能"决定的。

---

① Bruno Bettelheim, *Symbolic Wounds, Puberty Rites, and the Envious Male* (New York, Collier Books, 1962), p. 10.

在《经前期紧张》一章中，霍妮博士提出了一种假设，即女性感受到的各种紧张是由准备怀孕的生理过程直接释放出来的。每当"与想要孩子的愿望有关的冲突"出现时，这种紧张就会出现。霍妮博士进一步指出，经前期紧张的存在并不是女性基本弱点的表现，而是她在这个时候对孩子的需求所引起的冲突的表达。霍妮认为，对孩子的渴望是一种主要驱力，"母性代表了一个比弗洛伊德假设的更重要的问题"。

在《两性之间的不信任》一章中，霍妮关注的是不信任的态度，而不是仇恨和敌意，她区分了男性对女性的恐惧和仇恨的起源。她从各种文明的文化模式中，从历史和文学的各个时期，引用了对女性的偏见以及它如何引发两性不信任的例子。

这篇文章也反映了霍妮博士从关注所谓的男性和女性心理学，转向形成她的神经症人格结构理论，以及支配和服从模式。在《神经症与人的成长》中，她用"扩张性"和"自我谦抑性"解决方案来解释这一理论[1]。

在《婚姻问题》中，她运用弗洛伊德关于俄狄浦斯情结、无意识过程和神经症冲突的理论，指出了一些以男性为导向的心理带给婚姻的不可避免的冲突。丈夫把童年时期对女性的残留看法——

---

[1] Karen Horney, *Neurosis and Human Growth* (New York, W. W. Norton & Co., Inc., 1950).

认为自己的母亲是一个令人生畏的、圣洁的女人，自己永远无法满足她——带进了婚姻。妻子把她们的冷淡，对男性的排斥，作为女人、妻子和母亲的焦虑，以及成为男性角色的渴望或想象，带进了婚姻。

"婚姻中的问题并不是靠规劝，也不是靠给予本能无限自由得到解决的。"解决婚姻问题需要的是"双方在婚前都获得情绪稳定性"。过去和现在关于婚姻的文献都充满了给予和接受的需要。霍妮博士强调需要"内心放弃对伴侣的苛求……我指的是要求意义上的，而不是愿望意义上的苛求。"这是她在上一本书《神经症与人的成长》中对"神经症苛求"的精确定义。

虽然霍妮博士在她的文章《对女性的恐惧》中讨论了男人对阴道的恐惧，但她在《对阴道的否认：女性的生殖器焦虑》中开始了对所谓"未被发现的阴道"的批评。弗洛伊德认为，一个小女孩没有意识到自己的阴道，她最初的生殖器感觉首先集中在阴蒂上，后来才集中在阴道上。霍妮博士认为，根据她自己和其他临床医生的观察，小女孩也有自发的阴道感觉，阴道自慰很常见。阴蒂自慰是后来才出现的。因为小女孩体内产生的焦虑，她之前发现的阴道被否认了。

在他的论文《性别解剖差异的一些心理后果》（1925年）中，弗洛伊德指出，女人不是女人，而是没有阴茎的男人。她们"拒绝接受被阉割的事实"，并且"希望有一天能得到阴茎……我无法逃避这样一种观念（尽管我犹豫是否要表达出来），即对于女性来说，道德上的正常水平与男性认为的不同……我们不能因为女性主义者——她们急于迫使我们认为两性在地位和价值上完全平等——的否定而偏离这样的结论"①。

弗洛伊德这样总结这篇论文："亚伯拉罕（1921年）、霍妮（1923年）和海伦·多伊奇（1925年）对女性的男性气质和阉割情结进行了有价值的、全面的研究，其中有很多与我所写的内容密切相关，但没有什么是完全一致的，因此，在这里我再次感到发表这篇论文是正当的。"对于弗洛伊德来说，对别人做出回应并提出批评——尽管是间接的——是不寻常的。这表明霍妮的观点得到了认真对待。

在《女性的性欲》（1931年）中，弗洛伊德在提到小女孩发展中的前俄狄浦斯阶段时写道："在分析中，与第一个母亲依恋有关的一切对我来说都是如此难以捉摸……事实上，女性精神分析师，比如珍妮·兰普·德·格鲁特和海伦·多伊奇，能够更容易、更清楚地理解事实，因为她们有优势，在患者发生移情的情况下，她们

---

① Sigmund Freud, "Some Psychological Consequences of the Anatomical Distinction Between the Sexes," *Collected Papers*, Vol. V (London, The Hogarth Press, 1956), pp. 186-197.

是合适的母亲替代品。"但是弗洛伊德认为,卡伦·霍妮(1923年)作为"在移情情况下"的母亲替代者的发现并不完全符合他的观点。"有些人倾向于贬低孩子最原始的力比多冲动的重要性,更强调后期的发展过程,因此极端地说,前者所能做的一切可以说是表明某些趋势,而追求这些趋势的能量是从后来的退行和反应形成中发现的。例如,霍妮(1926年)认为,我们大大高估了女孩最初的阴茎嫉羡,女孩后来的男性化尝试被归因于次级阴茎嫉羡——用来抵御她们的女性冲动,特别是那些与她们对父亲的依恋有关的冲动。这与我自己所形成的印象不一致。"①

如此全面而带有批判性的回应表明了弗洛伊德对霍妮观点的重视。即使有他的免责声明——"极端地说",我也觉得弗洛伊德的两个说法是值得怀疑的。首先,霍妮并没有"贬低孩子最原始的冲动的重要性";其次,她也没有说,这些冲动所能做的一切是表明某些趋势,后来的退行和反应形成"更强大"。

《女性的性欲》出版后,直到1939年弗洛伊德去世,他在这个主题上写得很少。在1937年出版的《可终止的分析》一书中,他给出了一些关于神经症和治疗的最后观点。他讨论了"女性对阴茎的渴望,以及男性免于被动的斗争"。他写道:"费伦齐在1927

① Sigmund Freud, "Female Sexuality," *Collected Papers*, Vol. V (London, The Hogarth Press, 1956), pp. 252-272.

年提出了一个原则，认为在每一个成功的分析中，这两种情结都必须得到解决。当我们实现了阴茎和男性抗议的愿望时，我们就穿透了所有的心理层面，到达了'基石'，我们的任务就完成了……对女性气质的否定肯定是一个生物学事实，是性这个伟大谜题的一部分。"①弗洛伊德和他的大多数追随者都这样认为。

在他未完成的《精神分析大纲》的导言中，弗洛伊德写道："写这本小书的目的是汇集精神分析的学说，并武断地陈述它们……没有重复过这些观察的人，是不可能对其做出独立判断的。"②卡伦·霍妮满足了所有这些条件，对弗洛伊德关于女性心理学和越来越多的精神分析理论与实践方面的观点做出了"独立的判断"。

弗洛伊德在《精神分析大纲》中讨论性功能的发展时写道："第三阶段是所谓的生殖器阶段……在这个阶段出现问题的不是两性的生殖器，仅仅是男性的生殖器（阴茎）。女性的生殖器长期以来一直不为人所知。"在一个脚注中，他补充写道："经常有人说早期阴道兴奋是存在的。但这很可能是阴蒂——类似阴茎的器官——兴奋的问题，所以这一事实并不妨碍我们将这一阶段描述为

---

① Sigmund Freud, "Analysis Terminable and Interminable," *Collected Papers*, Vol. V (London, The Hogarth Press, 1956), pp. 355-357.

② Sigmund Freud, "An Outline of Psychoanalysis," *Collected Papers*, Vol. XXIII (London, The Hogarth Press, 1956; New York, W. W. Norton & Co., Inc.).

阴茎阶段。"

弗洛伊德关于早期阴道兴奋的陈述可能是对霍妮的《对阴道的否认：女性的生殖器焦虑》的直接回应，她在文章中对未被发现的阴道、阴蒂感觉的首要地位、阴茎阶段以及阴茎嫉羡的概念提出了质疑。弗洛伊德在讨论"精神分析师之间缺乏共识"时所作的评论可能是对她这篇文章的更直接回应。弗洛伊德写道："一个没有充分确信自己对阴茎的欲望的女精神分析师，也不会充分重视影响她的患者的这一因素，对此我们不应该感到惊讶。"[1]弗洛伊德在《女性的性欲》[2]的脚注中提出的告诫——"把分析作为争论的武器，显然无法让我们达成共识"——似乎与此相关。

霍妮博士在《功能性女性障碍的心理因素》中指出了"心理性生活紊乱与功能性女性障碍的巧合"，质疑这种巧合是否有规律地存在。根据她的观察，这些身体因素和情感变化并不是规律地共存的。然后，她转向一个问题：心理性生活中的某些心理态度与某些生殖器紊乱之间是否存在特定的关联？

霍妮继续受到弗洛伊德的一些概念的指导，然而，对此她给出了自己的解释。这在《母性冲突》（1933年）中表现得很明显，她在文章说："我们的一个基本分析概念是，性行为不是在青春期开

---

① *Ibid.*

② Freud, "Female Sexuality," *op. cit.*

始的，而是在出生时开始的，因此我们早期的爱情感觉总是带有性的特征。正如我们在整个动物王国中看到的那样，性意味着不同性别之间的吸引……和同性父母的竞争及对同性父母的嫉妒是造成这种冲突的原因。"在霍妮的整体方法中，吸引力是生物性的和自然的，健康的和自发的。

霍妮对文化因素日益增长的兴趣在1933年的《母性冲突》中表现得尤为明显。刚到美国的她敏锐地意识到，在类似的问题上，这里与她在欧洲的经历形成了鲜明的对比。"［美国的］父母……担心自己的孩子不喜欢他们……或者他们担心自己是否给了孩子适当的教育和培训。"

真正的科学研究的特点是，特殊案例、观察数据、假设相互检验。不同类别的数据因其相似性和差异性而相互隔离；相似数据组的反复出现，在医学上被称为症候和情结。当一个特定的原因可以明确地与一组反复出现的结果联系在一起时，这就会被称为疾病实体。在自然科学和人文科学中，反复出现的现象被称为某种类型。类型学的方法论是一种高度发达的方法论。

在《对爱情的高估：关于普遍存在的现代女性类型的研究》中，霍妮明确地使用了人类学和社会学的方法以及类型学的方法。她把个人和环境——相互影响——看作一个运动场。简而言之，她在这篇文章中所描述的"女性类型"，既受到某些本能需求的影响，也受到文化因素的影响。霍妮进一步断言，"女性的父权理想"是文化决定的，而不是一成不变的。

在《女性的受虐倾向》中，霍妮博士指出了一些来自弗洛伊德理论的未经证实的假设，即"受虐现象在女性身上比在男性身上更常见"，因为它们"是固有的，是女性的本质"，而女性的受虐倾向是"生理性别差异的一种心理结果"。本文揭示了霍妮对该主题文献的详细了解、她严密而清晰的推理，以及她对临床研究和人类学调查的理解。在给出了精神分析无法回答有关女性心理学的许多问题的一些原因之后，她为人类学家寻找关于男性和女性中存在受虐倾向的数据提供了指导原则。

她再次质疑弗洛伊德的假设，即病理现象和"正常"现象之间没有根本区别，"病理现象只不过是让我们通过放大镜更清楚地看到所有人类身上发生的过程"。弗洛伊德的假设是本我（破坏性）本能是基本的、自然的、正常的，病理现象不同于正常现象的只是本我本能的数量。但对霍妮来说，病理现象的性质发生了变化，是一种完全不同的东西——疾病。弗洛伊德认为他的人性理论是普遍适用的，是对行为的唯一解释——对他的维也纳中产阶级小样本适用的理论，也适用于所有时空的人类。弗洛伊德认为俄狄浦斯情结是一种普遍存在的人类现象。但人类学的研究表明，它"在差异很大的文化条件下是不存在的"。在回应弗洛伊德关于女性通常比男性更嫉妒的说法时，霍妮认为"就目前的德国和奥地利文化而言，这种说法可能是正确的"。

霍妮在《女性青少年的人格变化》中讨论了她对成年女性的一些分析结果。她说，"尽管在所有案例中，决定性的冲突都是在童年早期出现的，但第一次人格变化发生在青春期"，而且"这些变化的开始与月经的开始大致吻合"。然后，她继续区分了四种类型的女性，并解释了在他们身上观察到的相同点和不同点所涉及的心理动力学原理。

在《对爱的神经质需要》中，霍妮博士区分了正常的爱、神经质的爱和自发的爱，并描绘了强迫性与自发性的区别。虽然对爱的神经质需要可以被看作"一种'母亲固着'的表现"，但是霍妮博士认为，弗洛伊德的概念并没有澄清一个基本问题，即在以后的生活中，是哪些动态因素维持着童年时期形成的态度，或者是哪些因素使人无法摆脱婴儿时期的态度。在《女性的受虐倾向》中，霍妮博士曾写道："弗洛伊德的伟大科学价值之一就是大力强调童年印象的坚韧性。然而，精神分析的经验表明，在童年时期曾经发生过的情绪反应，只有继续得到各种重要的动态驱力的支持，才能在一生中保持下去。"她对过去和现在的影响的清晰而严谨的描述，当然与弗洛伊德在《女性的性欲》中的陈述不同。

在《对爱的神经质需要》中，她再次质疑弗洛伊德的性欲理

论，他认为"对爱的需求增加"是"一种力比多现象"。霍妮认为
这个概念是未经证实的。"对爱的神经质需求，"她补充道，"是
一种口欲固着或退行的表达。这种观念的前提是愿意将复杂的心理
现象归结为生理因素。我认为这种观念不仅站不住脚，而且会使理
解心理现象变得更加困难。"

霍妮博士通过质疑弗洛伊德的力比多理论及其关于固着和退
行的概念，并通过假设生命和人类自发性对治疗的重要性，对弗洛
伊德的强迫性重复理论提出了质疑。"发展的障碍"而不是"阻
抗""固着"和"退行"，与弗洛伊德的强迫性重复和决定论的概
念直接对立。

在这些早期的论文中，霍妮表明自己是一位现象学家和存在主
义者。存在、拥有和行动之间的本体论区别是在《对女性的恐惧》
中提出的："现在，两性生物学上的差异之一是这样的——男性实
际上有义务继续向女性证明他们的男性气质。对女性来说，没有类
似的必要性。即使她们性冷淡，也可以性交，怀孕，生育。她们只
是以存在来履行自己的职责，而不做任何事——这一事实总是让男
性既羡慕又怨恨。男性为了实现自我，必须有所作为。效率的理想
是男性主导的西方世界中典型的男性理想。"它指向唯物主义、机
械论，指向主体和客体二分的宇宙的行动。

在一种我与你的关系中存在一种相遇。在所有形式的交往（包

括性）中都有相遇，人性在相遇中的首要地位在西方人的观念中是陌生的。在这本书和霍妮随后的出版物中，存在主义观点变得更加明确。

存在主义的存在观念有着深刻的根源。在中国古代的阴阳哲学中，男性和女性的原则被看作自然的、互补的，而不是对立的。只有当它们处于平衡状态时，生活才能和谐。差异作为自然状态的一种表达被接受，并被认为是在不同和共同中结合、联合、丰富彼此的必要条件。这种取向与弗洛伊德——认为阴茎嫉羡和男性对被动情感的抵制由生理决定——的西方男性取向相反。

在《对爱的神经质需要》中，生物焦虑——一种普遍的人类现象，也是一种明确的存在主义概念，构成了霍妮博士基本焦虑概念的核心。她认为，基本焦虑是由在一个被认为是潜在敌意的世界中感到无助和孤立的感觉构成的。正常人与神经症患者的区别在于，后者的基本焦虑比较强烈。神经症患者可能没有意识到自己的焦虑，但焦虑会以各种方式表现出来，他们会试图回避自己的感受。

本书介绍了霍妮博士在女性心理学的主题上的思想演变，以及她与弗洛伊德的差异。在用她自己所谓的女性心理学对抗弗洛伊德的男性心理学之后，她为整个人类生活和与变化的环境相互作用的哲学、心理学和精神分析铺平了道路。

在阅读霍妮博士的这些早期论文时，我们看到了一位富有智慧和经验的女性，她正在寻找减轻人类痛苦的更好方法。霍妮博士的《神经症与人的成长》一书的结束语是："阿尔伯特·施魏策尔在'肯定世界与生活'和'否定世界与生活'的意义上使用了'乐观'和'悲观'这两个术语。在这种深刻的意义上，弗洛伊德的哲学是悲观的。我们的哲学，虽然认识到神经症中的悲剧因素，却是乐观的。"这恰如其分地总结了她的精神、方法和努力——不仅体现在这本书的论文中，而且体现在她一生的工作中。

哈罗德·科尔曼

于纽约

1966年

目 录

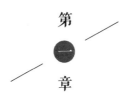

第一章

论女性阉割情结的起源[1]

---

① 1922年9月于柏林召开的第七届国际精神分析大会的会议论文。"Zur Genese des weiblichen Kastrationskomplexes," *Intern. Zeitschr. f. Psychoanal.*, IX(1923), pp. 12-26; *Int. J. Psycho-Anal.*, V, Part 1 (1924), pp. 50-65.

尽管我们对女性阉割情结可能呈现的形式的认识已经变得越来越全面①，但我们对这种情结的本质的洞察没有取得相应的进展。所收集到的丰富材料——现在对我们来说是熟悉的——使我们比以往任何时候都更强烈地意识到整个现象的显著特征，因此现象本身就成了一个问题。关于迄今为止观察到的女性阉割情结的形式及从这些形式中得出的推断的研究表明，到目前为止，流行的观念基于一个基本概念，可以简单地表述如下（我逐字引用亚伯拉罕关于这个主题的部分著作）：许多女性，无论是儿童还是成人，都暂时或永久地遭受性别的痛苦。女性心理生活中因反对成为女人而产生的种种表现，可追溯到她们小时候的阴茎嫉羡。这种从根本上缺乏阴茎的不受欢迎的想法导致了被动的阉割幻想，而主动的幻想则源于对钟情男性的报复态度。

在这种表述中，我们假设了一个不言自明的事实，即女性因为她们的生殖器官而感到处于不利地位，而不认为这种表述本身就构成了一个问题。可能因为对男性的自恋来说，这种表述似乎不证自

① Abraham, "Manifestations of the Female Castration Complex," *Int. J. Psycho-Anal.*, Vol. III, p. 1.

明，不需要解释。然而，到目前为止，从调查中得出的结论——相当于断定有一半的人类对自己的性别不满意，而且只有在有利的环境下才能克服这种不满——不仅对女性的自恋来说，而且对生物学来说，都是绝对不能令人满意的。因此，问题出现了：难道阉割情结的各种形式——不仅导致了神经症的发展，而且对所有正常女性的人格形成和命运都有影响——真的仅仅基于阴茎嫉羡而产生的不满吗？或许，这可能（在很大程度上）只是其他力量，比如我们已经从对神经症形成的研究中知道的那种动力的另一种表达？

我认为以上问题可以从几个方面来回答，在这里我只想从纯粹个体发生学的角度提出一些想法，希望它们能有助于解决问题。这些想法是在我多年的实践过程中出现的。我发现，在患者——绝大多数是女性——中，总的来说，阉割情结非常明显。

根据流行的观点，女性的阉割情结完全集中在阴茎嫉羡情结上。事实上，"男性气质情结"一词被用作其同义词。于是出现的第一个问题是：我们何以观察到这种阴茎嫉羡作为一种几乎不变的典型现象发生，特别是在女性没有男性化的生活方式，没有被偏爱的兄弟以解释这种嫉羡，没有经历中的"意外灾难"①让她们更喜欢男性角色时？

这里更重要的一点似乎是提出这个问题本身。问题一经提出，

---

① Freud, "Tabu der Virginität," *Sammlung kleiner Schriften*, Vierte Folge.

答案几乎是自发地从我们所熟悉的材料中浮现出来的。如果我们把像男性一样排尿的欲望（阴茎嫉羡经常直接地以这种形式表现出来）作为出发点，对材料进行批判性的筛选，很快就会发现这种欲望由三个部分组成，有时这个部分更重要，有时另一个部分更重要。

我能简单说明的部分是尿道性欲，因为它已经被强调得够多了。它是最明显的部分。如果我们想要全面评价由此产生的阴茎嫉羡的强度，那么我们首先必须使自己认识到儿童对排泄过程的自恋性过度评价[1]。事实上，无所不能的幻想，特别是那些具有虐待性质的幻想，更容易与男性的尿流联系在一起。我听到的关于一所男校课堂上发生的故事就是一个很好的例子：他们说，当两个男孩尿出一个十字架时，他们当时脑海中想到的那个人就会死。

现在，尽管可以肯定的是，小女孩在与尿道性欲有关的问题上一定会产生一种强烈的劣势感，但是如果我们像迄今为止在许多方面所做的那样，把以像男性一样小便的愿望为内容的每一种症状和每一种幻想都直接归因于尿道性欲，这一因素所起的作用就被夸大了。相反，我们往往在完全不同的本能成分——主动和被动的窥阴癖中，发现产生和维持这种愿望的动力因素。正是在小便的

---

[1]　Abraham, "Zur narzisstischen Überwertung der Excretionsvorgänge in Traum und Neurose," *Intern. Zeitschr. f. Psychoanal.*, 1920.

行为中，一个男孩可以展示他的生殖器并看着自己，甚至被允许这样做，因此，每当他小便时，他可以在某种意义上满足他的性好奇心。

这一根植于窥阴本能的因素，在我的一个患者身上表现得尤为明显。她想要像男性一样小便的欲望一度主导了整个临床表现。在这个时期，她来做心理分析时很少不声称自己看到过一个男人在街上小便。有一次她很自然地喊道："如果我能要求上天给我什么礼物，我希望是让我能像男人一样小便，哪怕只有一次。"她的联想使这个想法更加完善。她说："因为那样我就知道我究竟是怎样被造出来的了。"男性在小便时能看到自己，女性却不能，这个事实实际上是这个患者——其发育在很大程度上被限制在前生殖器期——非常明显的阴茎嫉羡的主要根源之一。

女性因生殖器官是隐藏的而对男性来说永远是一个巨大的谜。相应地，男性正是因为他们的器官随时可见而成为女性嫉妒的对象。

尿道性欲和窥阴本能之间的密切联系在另一个患者Y身上表现得也很明显。她以一种非常奇特的方式自慰。对她来说，这意味着像她父亲一样小便。在这个患者所患的强迫性神经症中，主要的动力因素是窥阴本能。她在自慰时，一想到会被别人看见，就会产生强烈的焦虑感。她借此表达了很久以前在她还是小女孩时的愿望：

"我希望我也能有一个生殖器，可以像父亲一样，每次小便时都把它展示出来。"

我认为，窥阴本能在每一个女孩表现出过度尴尬和拘谨的案例中都起着主导作用。我进一步推测，至少在我们的文明中，男女着装的差异可以追溯到这一情境——女性不能展示自己的生殖器官。因此，就女性的暴露主义倾向而言，她们退回到一个允许她们展示自己全部身体的阶段。这让我们明白为什么女性穿低领衣服，而男性穿礼服外套。我还认为，这种联系在某种程度上解释了人们在讨论男女差异时总是首先提到的标准，即男性更客观，女性更主观。这种解释可能是，男性的探索冲动在检查自己的身体中得到满足，并且可以随后延伸到外部客体上，女性却无法对自己的身体有清晰的认识，因此很难从自己身上移开。

最后，我认为属于阴茎嫉羡原型的愿望——被压抑的自慰愿望中还有第三个因素，作为一种规则被深深隐藏，却很重要。这个因素可以追溯到无意识联想。在无意识联想中，男孩被允许在小便时抓住自己的生殖器被解释为允许自慰。

一位患者在目睹了一位父亲责备他的小女儿用小手触摸自己身体的隐私部位后，非常愤怒地对我说："他禁止她那样做，他自己却每天那样做五六次。"你会很容易地在患者Y身上发现同样的联想。在她身上，男性的排尿方式成为她自慰形式的决定性因素。在这种情况下，很明显，只要她不自觉地坚持她应该是男人的主张，她就不可能完全摆脱自慰的冲动。我认为我从对这个案例的观察中得出的结论是相当典型的：女孩在克服自慰方面有一种非常特殊的困难，因为她们觉得自己因身体构造不同而被不公正地禁止做一些男孩被允许做的事情。或许，就摆在我们面前的问题而言，我们可以换一种说法：身体构造的差异可能很容易引起一种痛苦的受伤的感觉。男性在性生活中有更大的自由——后来被用来解释对女性身份的否定，这种论点实际上基于童年早期的实际经历。范·奥普惠伊森在他关于女性的男性气质情结的研究的结论中，强调了他在分析男性气质情结、婴儿期阴蒂自慰和尿道性欲之间存在紧密联系时所得到的强烈印象。你很可能在我刚才的思考中找到这种联系的纽带。

以上思考是"为什么阴茎嫉羡是一种典型现象"这一基本问题的答案，可以简短地总结如下：小女孩的自卑感（正如亚伯拉罕在一段话中指出的那样）绝不是主要的。但在她们看来，与男孩相比，她们在满足某些本能成分的可能性方面受到限制，而这些本能成分在前生殖器期是最重要的。事实上，如果我这样说，你将更容易理解：从这个发展阶段的孩子的角度来看，在某些欲望的满足方面，女孩和男孩相比处于劣势。除非我们十分清楚这种劣势的现实，否则我们就无法理解，阴茎嫉羡在女孩的生活中几乎是一种不可避免的现象，而且这种现象会使女性的发展复杂化。在她们长大成熟后，性生活的绝大部分转移到女人身上（我的意思是当她们成为母亲时）这一事实不能对这个早期阶段的小女孩有任何补偿，因为它仍然在直接满足的可能性之外。

在这里我要暂停对上述问题的思考，因为我现在要讨论第二个问题：我们正在讨论的情结是否真的建立在阴茎嫉羡之上，后者是否应该被视为前者背后的终极力量？

把这个问题作为我们的出发点，我们必须考虑是什么因素决定了阴茎嫉羡情结或多或少被成功克服，或者它是否会因退行而得到强化，从而出现固着。这种考虑迫使我们在这种情况下更仔细地审查客体力比多的形式。我们发现，那些渴望成为男人的女孩和女人在生命的最初阶段就经历了一个极端的父亲固着阶段。换句话说，通过保留自己对母亲的原始认同，并像母亲一样把父亲当作爱的客体，她们首先试图以正常的方式掌握俄狄浦斯情结。

我们知道，在这个阶段，女孩有两种可能的方式，可以在不损害自己的情况下克服阴茎嫉羡情结。凭借她们对母亲的认同，她们可能实现从阴茎自慰欲望到女人对男人（或父亲）的欲望或者孕育一个（父亲的）孩子的欲望的过渡。关于健康女性和不正常女性随后的爱情生活，反思一下这两种态度的起源是人格的自恋性和占有欲的本质，颇有启发性。

　　在我们考察的案例中，很明显，这种女性和母性的发展已经到了非常显著的程度。因此，在患者Y身上——像我在这里提到的所有人一样，她的神经症带有阉割情结的印记——有许多强奸幻想。这是这个阶段的象征。她认为对她实施强奸的男人无一例外都是父亲的形象。因此，这些幻想必须被解释为一种原始幻想的强迫性重复。在这种原始幻想中，长大后的她感到自己与母亲合而为一，与母亲一起经历了父亲完全的性占有行为。值得注意的是，这位在其他方面头脑非常清晰的患者，在分析开始时强烈倾向于将这些强奸幻想视为现实。

　　其他案例也以另一种形式说明这种女性的原始幻想是真实存在的。我多次从另一个患者（我称她为X）那里听到的言论足以表明，她与父亲的这种爱恋关系在她看来是多么真实。例如，有一次，她回忆起父亲曾对她唱过一首情歌，随后她突然发出幻灭和绝望的呼喊："然而这一切都是谎言！"她的一个症状——有时她会强迫性地吃大量的盐——也能够说明同样的想法，我想在这里把它作为一种典型症状予以说明。因为肺部出血，她的母亲不得不吃盐，这是在她的童年早期发生的。她曾无意识地认为这是她父母性交的结果。因此，这一症状表明，她无意识地声称自己从父亲那里得到了与母亲同样的体验。正是同样的无意识观点，使她把自己看作一个妓女（实际上她是一个处女），使她感到迫切需要向任何新的爱恋对象做某种忏悔。

无数类似的不容置疑的观察向我们表明，认识到如下事实是多么重要：在早期阶段——作为种系发生学经验的个体发生学重复——女孩在与母亲（敌意或爱的）认同的基础上构建了一种幻想，即她遭受了父亲的完全性占有，并且在幻想中，这种经历表现得就好像确实发生过一样——就像在远古时期，所有的女人都是父亲的财产一样，这一定是一个事实。

我们知道，这种爱恋幻想的自然命运是现实对它的否定。在随后被阉割情结支配的情况下，这种挫败感往往转变为一种深刻的失望。在神经症中，我们发现了这种失望的深刻痕迹，其对患者现实感的发展产生了或多或少的干扰。人们常常有这样的印象：女孩依恋父亲的情感太过强烈，以至于不能承认这种关系本质上的非现实性。在其他情况下，似乎从一开始就有一种过度的幻想力量，使人难以正确地把握现实。此外，女孩与父母的真实关系往往并不愉快，以致她执着于幻想。

患者觉得父亲好像曾经是自己的爱人，后来却对她不忠或抛弃了她。有时候这又是怀疑的起点：整件事是我想象出来的，还是真实发生过的？在患者Z身上，这种怀疑的态度在一种强迫性重复中暴露出来：每当一个男人对她有吸引力时，她就会很焦虑，唯恐"他喜欢我"是自己想象出来的。甚至当她真的订婚后，她也不得不不断地安慰自己，这一切不是她凭空想象出来的。在白日梦中，她幻想自己被一个男人袭击，她一拳打在他的鼻子上，用脚踩在他的阴茎上；她想把他告上法庭，但又忍住了，因为她害怕他会说这一幕是她想象出来的。在谈到患者Y时，我提到了她对强奸幻想的真实性存疑，这种怀疑与她最初与父亲相处的经历有关。在她身上，我们可以发现来自这个源头的怀疑如何延伸到她生活中的每一件事上，从而成为她强迫性神经症的基础。在这个案例中，就像在其他案例中一样，分析的过程表明，这种怀疑可能比我们熟悉的个体对自身性别①的不确定性有更深的根源。

患者X常常陶醉于她生命早期的诸多回忆，她称之为童年的天堂。在她身上，这种失望与父亲在她五六岁时对她施加的不公正惩罚密切相关。事情的真相是，她的妹妹在这个时候出生了，她感到自己在父亲的感情中被这个妹妹取代了。随着分析的深入，我们清楚地发现，在她对妹妹的嫉妒背后，是她对母亲的强烈嫉妒，而这与她母亲多次怀孕有关。"妈妈总是生孩子！"她曾经愤愤不平地说。她觉得父亲对她不忠的两个根源（绝非同等重要）被强烈压抑了。一个根源是她对母亲的性嫉妒，始于她目睹父母性交。那时候，她的现实感使她不可能把她所看到的融入自己作为父亲情人的幻想中。有一次她听错了我的话，我才得以发现她感受的第二个根

---

① 弗洛伊德对怀疑的理解是怀疑主体爱（恨）的能力。

源。有一次我说到"nach der Enttäuschung"（失望之后），她听成了"Nacht der Enttäuschung"（失望之夜），并给出了布蓝甘妮在特里斯坦和伊索尔德的爱情之夜守夜的联想。

我们可以用清楚的语言说明这个患者身上的强迫性重复：她爱情生活的典型经历是，她首先会爱上一个父亲的替身，然后发现他对自己不忠。在这类事件中，情结的最终根源清楚地显现出来。我暗指她的罪疚感。当然，这种感受的很大一部分最初是她对父亲的责备，后来又转为对自己的责备。但是，我们可以很清楚地看出，内疚的感觉，特别是那些由于强烈地想要除掉母亲（对患者来说，对母亲的认同具有"除掉她"和"取代她"的特殊意义）的冲动而产生的感觉，让她产生了一种对灾难的预期——这当然首先与她和父亲的关系有关。

我要特别强调的是，在这个案例中，（从父亲那里）得到一个孩子的愿望①的重要性，给了我强烈的印象。我认为我们倾向于低估这种愿望，特别是它的力比多特性的无意识力量，因为它是一种比其他性冲动更容易得到自我允许的愿望。它与阴茎嫉羡情结的关系是双重的。众所周知，母性本能从对阴茎的渴望中得到一种"无

---

① O. Rank, "Perversion and Neurosis," *Int. J. Psycho-Anal.*, Vol. IV. Part 3.

意识的力比多强化"①。这种渴望在时间上出现得更早，因为它属于自体性欲时期的表现。然后，当小女孩感受到与父亲有关的失望时，她不仅会放弃对他的要求，也会放弃对孩子的渴望。这种放弃的状态被属于肛欲期的想法和过去对阴茎的需求以退行的方式继承下来。当这种情况发生时，女孩的需求不仅复苏过来，而且被女孩渴望孩子的全部能量所强化。

在患者 Z 的例子中，我可以特别清楚地看到这种联系。她在强迫性神经症的几个症状消失后，保留了对怀孕和分娩的强烈恐惧——最后和最顽固的症状。导致这种症状的经历是她两岁时母亲怀孕了，并给她生了一个弟弟。在她不再是婴儿后，对父母性交的观察也导致了同样的结果。在很长一段时间里，这个案例看起来都像是精心设计的，以说明阴茎嫉羡情结的重要性。她对弟弟阴茎的觊觎以及对他的强烈愤怒——因为他是把她从独生子的位置上赶下来的入侵者，一旦被分析揭示出来，就进入了充满情感的意识。此外，这种嫉妒还伴随我们习惯用来追溯它的所有表现：首先是对男人的报复态度，带有非常强烈的阉割幻想；其次是对女性任务和功能的否定，尤其是对怀孕的否定；最后是强烈的无意识同性恋倾向。只有当分析在可以想见的最大阻力下深入更深的层次时，以下

---

① Freud, "Über Triebumsetzungen insbesondere der Analerotik," *Sammlung kleiner Schriften*, Vierte Folge.

事实才变得明显：阴茎嫉羡的根源是她对母亲（而不是她）和父亲孕育的孩子的嫉妒；通过置换过程，阴茎取代孩子成为她嫉妒的对象。同样地，她对弟弟的强烈愤怒被证明确实与她的父亲有关——她觉得父亲欺骗了她，也与她的母亲有关——她的母亲而不是她自己，有了父亲的孩子。只有在这种置换过程停止后，她才真正摆脱了阴茎嫉羡和成为男人的渴望，才能够成为一个真正的女人，甚至希望生一个自己的孩子。

那么，发生了怎样的过程呢？可以概述如下：（1）与孩子有关的嫉妒被转移到弟弟及其生殖器上；（2）弗洛伊德发现的机制随之出现，通过这种机制，个体放弃把父亲作为爱的对象，与他的客体关系退行式地被与他的认同所取代。

后一种过程表现在她的男性气质中，我已经谈过了。很容易证明，她想要成为一个男人的愿望绝不是我们从一般意义上就能理解的，其真正意义是扮演父亲的角色。因此，她选择了和她父亲一样的职业。在她父亲死后，她对待母亲的态度就像一个对妻子提出要求和发布命令的丈夫。有一次，她听到一阵烦人的打嗝声，不禁得意地想："就像爸爸一样。"然而，她并没有完全表现出同性恋倾向的客体选择。客体力比多的发展似乎受到了干扰，其结果是她明显地退行到自体性欲的自恋阶段。综上所述：将与孩子有关的嫉妒转移到弟弟和他的阴茎上，认同父亲和退行到前生殖期都在同一个方向上运作，激起一种强烈的阴茎嫉羡——随后留在前景中，似乎主宰了整个画面。

在我看来，这种俄狄浦斯情结的发展在阉割情结占主导地位的案例中是十分典型的。实际情况是，对母亲的认同在很大程度上让位于对父亲的认同，与此同时，个体发生了前生殖器期的退行。我相信，这种对父亲的认同是女性阉割情结的一个根源。

在这一点上，我想立即回应两种可能的反对意见。第一种反对意见是这样说的：这种在父亲和母亲之间的摇摆肯定没有什么特别的。相反，它在每个孩子身上都能看到。我们知道，根据弗洛伊德的说法，我们每个人的力比多在男性和女性客体之间摇摆一生。第二种反对意见涉及同性恋主题，可以这样表达：在他关于一个女同性恋案例的心理发生学论文中，弗洛伊德让我们相信，对父亲的认同是同性恋的基础之一，而现在我正在描述的是导致阉割情结的相同过程。作为回应，我要强调的事实是，正是弗洛伊德的这篇论文帮助我理解了女性的阉割情结。在我接触的那些案例中，一方面，力比多摇摆的程度超过了一般情况；另一方面，对朝向父亲的爱恋态度的压抑和对父亲的认同，并不像同性恋的情况那样完全成功。因此，同性恋和阉割情结发展过程的相似性并不能否定认同父亲对女性阉割情结的重要性。相反，这使得同性恋不再是一种孤立的现象。

我们知道，无一例外，每一个阉割情结占主导地位的案例中都或多或少有明显的同性恋倾向。在某种意义上，扮演父亲的角色总是等于渴望母亲。自恋退行和同性客体贯注之间有不同程度的密切关系，其顶点是明显的同性恋。

第三种反对意见与阴茎嫉羡的因果关系有关，其内容如下：难道阴茎嫉羡情结与对父亲的认同的关系，不正与这里所描述的相反吗？难道不是首先必须有一种异常强烈的阴茎嫉羡，才能建立对父亲的永久认同吗？我认为我们不能不认识到，一种特别强烈的阴茎嫉羡（无论是天生的，还是个人经历的结果）确实有助于为转变——患者通过这种转变实现对父亲的认同——铺平道路。然而，我在此所描述的案例以及其他案例都表明，尽管有阴茎嫉羡存在，但是对父亲强烈的、完全女性的爱恋关系已经产生。只有当这种爱恋关系带来失望时，女性的角色才能被抛弃。这种抛弃以及由此产生的对父亲的认同使阴茎嫉羡复苏。只有当它从这些强大的源泉中得到滋养时，才能充分发挥其力量。

要停止对父亲的认同，就必须至少在某种程度上唤醒个体的现实感。因此，不可避免的是，小女孩不应该再像以前那样，仅仅在幻想中满足她对阴茎的渴望，而应该开始思考她缺乏这个器官，或者思考它可能存在。女孩的整个情感倾向决定了思考的方向。它包含以下几种典型情感：指向父亲的女性化的爱恋依附——尚未被完全压抑，指向父亲的强烈愤怒和报复——因为父亲让其感到失望，最后是罪疚感（与乱伦幻想有关）——在匮乏的压力下被强烈唤起。因此，思考总是与父亲有关。

这一点我在患者Y身上看得很清楚。我已经不止一次地提到过她。我提到过，这个患者产生了强奸幻想——她认为是事实，这些幻想与她的父亲有关。她在很大程度上将自己与父亲等同起来，比如她对待母亲的态度完全是一个父亲对待儿子的态度。她梦见她的父亲被蛇或野兽袭击，她救了他。

她的阉割幻想以一种熟悉的形式出现。她想象自己不是通过身体的生殖部分被制造出来的。除此之外，她还产生了一种感觉，就好像她的生殖器受到了伤害一样。在这两点上，她产生了许多想法，主要是认为这些怪异的想法是强奸行为的结果。很明显，她固执地坚持这些与她的生殖器官有关的感觉和想法，实际上是为了证明强奸行为的真实性，从而最终证明她与父亲的爱恋关系的真实性。在分析之前，她坚持接受六次剖腹手术，其中几次仅仅是因为她感到疼痛。这一事实清楚地说明了这种幻想的重要性以及强迫性重复的力量。在另一个患者身上，她对阴茎的觊觎表现为一种绝对怪诞的形式，那种持续疼痛的感觉转移到了其他器官上，因此当她的强迫症状消失后，其临床表现是明显的疑病症。在这一点上，她的抗拒表现为："对我进行分析显然是荒谬的，因为我的心、肺、胃和肠都明显有器质性病变。"在这里,她对她幻想的真实性的坚持是如此强烈,以至于她差点儿做了一次肠道手术。她的联想总是使她产生这样的想法:她被父亲导致的疾病击倒了。事实上,当疑病症消除后,被打的幻想成了她神经症最突出的特征。在我看来,仅仅用阴茎嫉羡情结来解释这些表现,似乎是完全不可能令人满意的。但是,如果我们把这些表现看作一种冲动——以一种强迫性的方式重新体验在父亲那里遭受的痛苦,并向自己证明痛苦经历的真实性——的结果,那么它们的主要特征就变得非常清楚了。

相关材料可能会无限增加,而这只会反复表明,我们在外在表现完全不同的案例中,遇到了在与父亲的爱恋关系中出现的阉割幻想。我的观察使我相信,这种幻想在个别情况下确实早就为我们所熟悉。它具有如此根本的重要性,以至于我倾向于称它为女性阉割情结的第二个根源。

被压抑的女性气质的一个非常重要的部分与阉割幻想最为密切地联系在一起。或者,从时间线来看,受损的女性身份导致了阉割情结,阉割情结又阻碍了(然而不是主要的)女性气质的发展。

在这里我们大概知道了对男人的报复态度——这在具有阉割情结的女性身上常常是一种突出的特征——的基础。认为这种态度来自阴茎嫉羡和小女孩因期望父亲会把阴茎作为礼物送给她而产生的失望，并不足以解释对心灵更深层次的分析所揭示的大量事实。当然，在精神分析中，阴茎嫉羡比被压抑得更深的幻想更容易暴露出来，其将男性生殖器的丧失归咎于把父亲当作伴侣发生性行为的幻想。之所以这么说，是因为阴茎嫉羡本身与罪疚感毫无关系。

这种对男性的报复态度，经常以特别激烈的方式，直接指向实施强奸行为的男性。在幻想中，与患者第一次发生交配行为的正是父亲。因此，在随后的实际爱情生活中，第一个配偶以一种相当特殊的方式成为父亲的象征。我们可以在弗洛伊德关于贞操禁忌的文章中提到的习俗中看到这种想法。根据这些习俗，夺去少女的贞操实际上被委托给父亲的替代者执行。在无意识中，失去贞操是幻想中与父亲一起进行的性行为的重复，因此在失去贞操时，所有关于这一幻想的情感——强烈的依恋情感与对乱伦的厌恶，因爱恋关系受挫和被阉割而产生的报复——都重现了。

我的讨论到此结束。我的问题是，由阴茎嫉羡引起的对女性角色的不满，是否真的是女性阉割情结的主要根源？我们已经看到，女性生殖器的解剖结构确实对女性的心理发展具有重要意义。同样，无可争辩的是，阴茎嫉羡确实在本质上制约了阉割情结在她们身上的表现形式。但由此推断出对女性身份的否定正是基于阴茎嫉羡，似乎是不可接受的。相反，我们可以看到，阴茎嫉羡绝不能排除对父亲的深沉的、完全女性化的爱恋依附。只有当这种关系发展到对俄狄浦斯情结的哀悼时（与男性神经症完全相同），嫉妒才会导致主体对自己的性别角色的厌恶。

认同母亲的男性患者和认同父亲的女性患者，都以同样的方式否定了他们各自的性别角色。从这个角度来看，男性神经症患者的阉割恐惧（在其背后潜伏着一种阉割愿望；在我看来，这种愿望从来没有得到足够的重视）正好与女性神经症患者对阴茎的渴望相对应。如果不是男性关于认同母亲的内心态度与女性关于认同父亲的内心态度截然相反，这种对称就会更加引人注目。这种不一致体现在两个方面：在男性身上，成为女性的愿望与他们有意识的自恋相悖，并且因为成为女性的观念同时意味着他们对受到惩罚的恐惧——集中在生殖器区域——成真了，所以这种愿望会被拒绝。在女性身上，对父亲的认同被同一发展方向上的旧愿望所强化，这种认同不会带来任何罪疚感，反而会让她们产生一种无罪的感觉。根据我所描述的存在于阉割幻想和与父亲有关的乱伦幻想之间的联系，因为作为女性本身就被认为是有罪的，所以随之而来的是与男性相反的结果。

弗洛伊德在他题为《悲伤与忧郁》①和《一个女同性恋案例的

---

① *Sammlung kleiner Schriften*, Vierte Folge.

心理发生学》的论文以及著作《群体心理学与自我分析》^①中，充分地展示了认同过程在人类心理中的重要性。在我看来，这种对异性父母的认同，正是同性恋倾向和阉割情结发展的开始。

---

① *Int. J. Psycho-Anal.*, Vol. I, p. 125.

第一章

逃离女性身份[①]：男性和女性眼中的女性男性气质情结

————————

① "Flucht aus der Weiblichkeit," *Intern. Zeitschr. f. Psychoanal.*, XII (1926), pp. 360-374; *Int. J. Psycho-Anal.*, VII (1926), pp. 324-339.

在其最近的一些著作中，弗洛伊德越来越强烈地意识到分析工作中存在的片面性。我指的是这样一个事实：直到最近，人们还只把男孩和男人的心理作为研究对象。

原因是显而易见的。精神分析是一位男性天才的创造，而发展了他思想的人几乎都是男性。可以想见，他们更容易发展出一种男性化的心理学，并且对男性的发展而不是女性的发展有更多了解。

弗洛伊德发现了阴茎嫉羡的存在，这让我们在理解女性特质方面迈出了重要的一步。不久之后，范·奥普惠伊森和亚伯拉罕的研究表明，这一因素在女性的发展和神经症的形成中发挥了重要的作用。阴茎嫉羡的重要性在最近被性器期假说所强调。我这样说的意思是，在两性的婴儿生殖器组织中，只有一个生殖器，即男性的生殖器起作用，正是这一点区别了婴儿的生殖器组织和成人的最终生殖器组织[①]。根据这个理论，阴蒂被认为是阴茎。我们可以假设，小女孩赋予阴茎的价值和小男孩赋予阴蒂的价值一样[②]。

[①]　Freud, "The Infantile Genital Organization of the Libido," *Collected Papers*, Vol. II, No. XX.

[②]　H. Deutsch, *Psychoanalyse der weiblichen Sexualfunktionen* (1925).

这一阶段的作用部分是抑制随后的发展，部分是促进随后的发展。海伦·多伊奇主要证明了其抑制作用。她认为，在每一次新的性功能（例如青春期发育、性交、怀孕和分娩）出现时，女性都会回到这一阶段，并且必须克服它，直到获得女性的身份认同。弗洛伊德从积极的方面阐述了多伊奇的观点，因为他相信只有阴茎嫉羡和对它的克服才会让女性产生对孩子的渴望，从而形成与父亲的爱的纽带[①]。

现在的问题是，这些假设是否有助于使我们对女性发展的理解（弗洛伊德自己认为这种理解尚不令人满意和完整）更加清楚和令人满意。

科学常常表明，从一个新的角度来看待长期为人所熟悉的事实能带来成果。如果我们不这样做，就有一种危险，即我们将不自觉地继续把所有新的观察归为同一组明确界定的观点。

我想说的这个新观点是我在阅读格奥尔格·齐美尔[②]的一些论文时产生的，其中的哲学思想给了我很大的启发。齐美尔提出并在随后以多种方式——特别是从女性角度[③]——详细阐述的观点，是

---

① Freud, "Einige psychische Folgen der anatomischen Geschlechtsunterschiede," *Intern. Zeitschr. f. Psychoanal.*, XI (1925).

② Georg Simmel, *Philosophische Kultur.*

③ Vaerting, *Männliche Eigenart im Frauenstaat und Weibliche Eigenart im Männerstaat.*

这样的：我们的整个文明是一种男性文明，国家、法律、道德、宗教和科学都是男性的创造物。齐美尔绝不像其他作家那样，从这些事实中推断出女性低人一等。他首先阐明了男性文明这一概念的广度和深度："艺术，爱国主义，道德，特别是社会观念，实践判断的正确性，理论知识的客观性，生命的能量和深刻性等范畴，就其形式和要求而言，属于全人类，但在其实际的历史结构中，它们始终是男性化的。假设我们用"客观"这个词来描述这些被视为绝对观念的事物，那么我们就会发现，在我们的历史中，'客观=男性'这一等式是有效的。"

　　齐美尔认为，认识到这些历史事实之所以如此困难，是因为人类用来评估男性和女性价值的标准不是中性的，不是由两性差异产生的，而是在本质上是男性化的……我们不相信有一种纯粹的人类文明，其中不包含性的问题。（可以这么说）幼稚地把"人"①和"男人"②的概念等同起来，正是阻止任何这样的文明实际存在的原因。这甚至导致在许多语言中用同一个词来指代这两个概念。我们文明基础的这种男性特征究竟是源于两性的本质，还是仅仅源于男性在力量上的某种优势，这与文明问题并没有真正的联系，我暂且不做定论。无论如何，这就是为什么在各个不同的领域中，成就

①　德语"Mensch"。
②　德语"Mann"。

不显著被轻蔑地视为"女子气的",而女性获得杰出成就则被视为"男子气的",以表达对其赞扬。

就像所有的科学和评价一样,迄今为止,人们只是从男性的角度来考虑女性的心理。不可避免的是,男性的优势地位会导致其与女性的主观情感关系也被认为是客观有效的。根据德利乌斯的观点①,迄今为止,女性的心理实际上代表了男性的愿望和失望的沉淀。

在这种情况下,另一个非常重要的因素是,女性已经使自己适应了男性的愿望,并且感觉自己生来如此。也就是说,她们根据男性的愿望对她们提出的要求来看待自己。在不知不觉中,她们屈服于男性化思想的暗示。

如果我们清楚地认识到我们的存在、思想和行为在多大程度上符合这些男性的标准,我们就可以看到,对于单个的男人和单个的女人来说,要真正摆脱这种思维方式是多么困难。

因为精神分析还没有完全跨过理所当然地只考虑男性发展的阶段,所以问题就在于,当精神分析的研究对象是女性时,它在多大程度上也受到男性化思维方式的影响。换句话说,当今的精神分析在多大程度上是用男性化的标准来衡量女性的心理发展的?它在多大程度上未能相当准确地呈现女性的真实本质?

① Delius, *Vom Erwachen der Frau.*

关于上述问题，我们得到的第一印象是令人惊讶的。目前对女性心理发展的精神分析（不管是否正确）与男孩对女孩的典型观念毫无差别。

我们对男孩的想法很熟悉。因此，我将用几句简洁的话来概括它们。为了便于比较，我将把我们关于女性心理发展的观点放在平行的位置。

男孩的想法	关于女性心理发展的观点
天真地认为女孩和男孩一样有阴茎	两性都认为只有男性生殖器在起作用
意识到女孩没有阴茎	悲哀地发现阴茎的缺失
认为女孩是被阉割的、残缺的男孩	认为女孩曾经拥有阴茎，但被阉割了
认为女孩受到了惩罚，这也威胁到了男孩本人	阉割被认为是对女孩施加的惩罚
女孩被认为是劣等的	女孩认为自己是劣等的，产生阴茎嫉羡
男孩难以想象女孩如何能够忘记这种丧失或不去嫉妒男孩	女孩从未摆脱不足和劣等的感觉，必须不断地掌控她们想要变成一个男孩的愿望
男孩害怕女孩的嫉妒	女孩终其一生都渴望报复男孩，因为男孩有的她们没有

这种过于精确的对应，当然不是其客观正确性的标准。很有可能，小女孩的婴儿性器官与小男孩的性器官有着惊人的相似之处，就像迄今为止所假定的那样。

但这肯定是经过精心设计的，从而让我们思考其他可能性。例如，我们可以按照格奥尔格·齐美尔的思路，思考女性对男性结构的适应是否可能发生得如此之早，程度如此之高，以至于小女孩的特殊性被淹没在这种适应之下。在我看来，这种男性化观点的同化现象确实可能发生在童年时期。但是，我似乎不能马上弄清楚，大自然赋予女性的一切怎么会这样被吸收而不留痕迹。因此，我们必须回到我已经提出的问题上来，也就是说，是否因为我们是站在男性角度观察的，所以我所指出的平行对应关系存在片面性？

这种想法立即遭到内心的抗议，因为我们对自己说，精神分析总是建立在经验的可靠基础之上的。但我们的理论科学知识告诉我们，这个基础是不可靠的、不完全可信的，所有经验本质上都包含主观因素。即使是我们的精神分析经验，也来自对患者带入分析中的自由联想、梦和症状等材料的直接观察，以及我们从这些材料中做出的解释或得出的结论。因此，即使精神分析方法被正确使用，在理论上，得到的经验也有可能非常不同。

现在，如果我们试着把我们的思想从这种男性化的思维方式中解放出来，几乎所有关于女性心理学的问题都会呈现出不同的面貌。

让我们吃惊的第一件事是，在精神分析概念中，总是或主要是两性之间的生殖器差异被当作基点，而我们却忽略了另一个巨大的生物学差异，即男女在生殖功能中所起的不同作用。

　　男性对母性观念的影响在费伦齐极其精彩的生殖器理论①中得到了最清晰的揭示。他的观点是，性交的真正刺激及其对两性的真正的、最终的意义，要在回到母亲子宫的愿望中去寻找。在某个时期，男性获得了通过他们的生殖器官再次真正进入子宫的特权。以前处于从属地位的女性，不得不使自己的组织适应这种生理情况，并得到一定的补偿。她们不得不"满足于"幻想中的替代品，尤其是怀上孩子。至多，只有在分娩这一行为中，她们才有可能获得男性所没有的快乐②。

　　根据这种观点，女性的精神状态肯定不会是非常愉快的。她们缺乏任何真正的性交的原始冲动，或者至少她们被剥夺了所有直接的——即使只是部分的——满足。如果是这样的话，毫无疑问，女性肯定比男性从性交中获得的快乐少。因为她们只能间接地通过迂回的方式——部分是通过迂回的受虐转换（masochistic conversion），部分是通过与她们可能怀上的孩子的认同，达到某种原始渴望的满足。然而，这些仅仅是"补偿性的手段"。分娩过程中的快乐可能是女性唯一的优势——当然是非常值得怀疑的。

　　在这一点上，我作为一个女人，惊奇地发问：那母性呢？在自

---

　　①　Ferenczi, *Versuch einer Genitaltheorie* (1924).

　　②　Helene Deutsch, *Psychoanalyse der Weiblichen Sexualfunktionen*; Groddeck, *Das Buck vom Es.*

己体内孕育新生命的幸福感呢？对这个新生命与日俱增的期待所带来的难以言喻的幸福呢？孩子终于出生，第一次把孩子抱在怀里时的那种喜悦呢？给孩子喂奶时的满足带来的那种深深的愉悦感，以及在孩子需要她们照顾的整个时期的幸福呢？

费伦齐在谈话中表达了这样的观点：在冲突的原始时期，女性的结局十分悲惨，作为胜利者的男性把母性的重担和它所涉及的一切都强加给了女性。

当然，从社会斗争的角度来看，母性可能是一种障碍。在当今时代，情况的确如此，但在人类更接近自然的时代，情况是否如此就不那么确定了。

我们通过生物学关系，而不是社会因素解释阴茎嫉羡。因为将女性在社会上处于劣势的感觉，解释为阴茎嫉羡的合理化，我们被不断指责。

但是，从生物学的观点来看，女性在母性方面有一种无可争辩的、不可忽略的生理优势。这最清楚地体现在无意识的男性心理中，表现在男孩对母性的强烈嫉妒中。我们对这种嫉妒本身很熟悉，但它几乎没有作为一种动力学因素得到应有的考虑。如果一个人像我一样，在分析了相当长时间的女性之后才开始分析男性，他就会惊讶地发现这种男性对怀孕、分娩、母性、乳房和哺乳的嫉妒有多么强烈。

根据这种从精神分析中得出的印象，人们自然要问，在上述关于母性的观点中，一种无意识的男性贬低倾向是否没有表现出来。这种贬低倾向会是这样的：在现实中，女性确实渴望阴茎；当一切都表明母性只是一种使人生存处境更加困难的负担时，男性也许会庆幸他们不必有如此负担。

海伦·多伊奇认为女性的男性化情结比男性的女性化情结起着更大的作用。她似乎忽略了这样一个事实，即男孩的嫉妒显然比女孩的阴茎嫉羡更能成功地升华，并且它充当了文化价值观产生过程中的一种重要驱力。

语言本身指出了这种文化生产力的起源。在我们已知的历史时期，这种生产力在男性身上无疑比在女性身上要大得多。男性在各个领域都有创造性工作的冲动，不正是由于他们觉得自己在创造生命方面作用较小（这种感觉不断促使他们在成就方面获得过度补偿）吗？

如果这种联系是正确的，那么我们就会面临这样一个问题：为什么在女性身上找不到相应的冲动来补偿自己对阴茎的嫉妒呢？有两种可能：要么是女性的嫉妒绝对值低于男性，要么是女性以其他方式不那么成功地消除了嫉妒。我们可以用证据来支持这两种假设。

为了支持第一种假设，我们可以指出，只有从组织的前生殖器水平的角度看，女性在解剖学上的实际劣势才是存在的[①]。从成年女性的生殖器组织来看，没有什么劣势，因为很明显，女性并不比男性的性交能力弱。此外，男性比女性在繁殖方面的作用要小得多。

我们观察到，男性显然更有必要贬低女性，而不是相反。只有当我们开始思考这种观点是否在现实生活中得到正名后，我们才会认识到，女性不如男性的教条源于一种无意识的男性倾向。但是，如果在女性不如男性的信念背后，确实存在着贬低女性的倾向，我们就可以断定，这种无意识的贬低冲动是非常强大的。

此外，从文化的角度来看，有很多人认为，女性在消除对阴茎的嫉妒方面不如男性成功。我们知道，在有利的情况下，这种嫉妒被转化为对丈夫和孩子的渴望，而且很可能正是由于这种转化，它丧失了作为升华动机的大部分力量。然而，在不利的情况下，正如我将在下面更详细地说明的那样，它为一种负罪感所累，不能被有效地利用，而男性没有母性可能仅仅带来自卑感，可以不受抑制地发挥它的全部动力。

在以上讨论中，我已经触及了弗洛伊德最近引发人们讨论的一

---

① K. Horney, "On the Genesis of the Castration Complex in Women," *Int. J. Psycho-Anal.*, Vol. V (1924), p. 37.

个问题①，即对孩子的渴望的起源和运作。在过去的十年中，我们对这个问题的态度发生了变化。因此，我可以简单地描述一下这一变化的开始和结束。

最初的假设②是，阴茎嫉羡使想要孩子的愿望和想要男人的愿望都得到了力比多强化，但后者是独立于前者产生的。随后，阴茎嫉羡越来越成为重点。弗洛伊德在最近关于这个问题的研究中，表达了这样的猜想：只有通过阴茎嫉羡和对缺乏阴茎的失望，小女孩才会产生想要孩子的愿望；只有通过这种迂回的途径——对阴茎的渴望和对孩子的渴望，小女孩才会产生对父亲的柔情依恋。

后一种假设显然源于从心理学上解释异性吸引的生物学原理的需要。这与格罗德克提出的问题相呼应。他说男孩自然应该保留把母亲作为爱的对象，"但小女孩是如何对父亲产生爱的依恋的呢？"③

为了解决这个问题，我们必须首先认识到，我们关于女性男性化情结的经验材料来自两个重要性非常不同的来源。第一个来源是对儿童的直接观察，其中主观因素所起的作用相对不重要。每一个

---

① Freud, *Über einige psychische Folgen der anatomischen Geschlechtsunterschiede.*

② Freud, "On the Transformation of Instincts with Special Reference to Anal Erotism," *Collected Papers*, Vol. II, No. XVI.

③ Groddeck, *Das Buch vom Es.*

没有被吓到的小女孩都坦率地、毫不尴尬地表现出对阴茎的嫉妒。我们看到这种嫉妒的存在是典型的，并且很好地理解了为什么会这样。我们可以看到，比男孩拥有的更少——男孩在尿道性欲、窥阴本能和自慰方面的明显特权①——带来的自恋受辱，是如何被一系列从不同的前生殖器贯注中产生的不利因素所强化的。

我认为我们应该将"初级"一词用于形容小女孩的阴茎嫉羡，这显然仅仅是基于解剖上的差异出现的概念。

我们可以在女人提供的精神分析材料中找到第二个来源。自然，要就这一点作出判断比较困难，因此主观因素也就有了更大的余地。我们在这里首先看到，阴茎嫉羡是作为一种有巨大动力的因素在起作用的。我们看到患者拒绝她们的女性功能，她们这样做的无意识动机是渴望成为男人。她们的幻想是"我曾经有过阴茎，我是一个被阉割和残害的男人"，由此产生的自卑感导致了固执的疑病症观念。我们看到一种明显的敌视男人的态度，有时表现为轻视男人，有时表现为渴望阉割或残害他们。我们还看到某些女人的整体命运是如何受到这种因素影响的。

由于思维的男性化倾向，我们可以很自然地得出这样的结论：我们可以将这些印象与最初的阴茎嫉羡联系起来，并在事后推断这种嫉妒一定具有巨大的强度、巨大的动力（因为它显然产生了很大

---

① 我在《论女性阉割情结的起源》中更详细地讨论了这个问题。

的影响）。在这里，我们忽略了一个事实，即成为男人的愿望——我们在对成年女性的分析中经常看到——与早期的、婴儿的、初级的阴茎嫉羡关系不大，而是一种次要的形成，体现了在向女性化发展的过程中流产的一切。

从始至终，我的经历始终清晰地向我证明，女性的俄狄浦斯情结会导致女性出现退行，表现出各种程度的阴茎嫉羡。接下来我将说明男性和女性俄狄浦斯情结的结果在一般情况下的区别。男孩因为对阉割的恐惧，而放弃把母亲作为性对象，但其男性角色不仅在进一步的发展中得到肯定，而且在对阉割恐惧的反应中被过分强调了。我们在男孩的潜伏期和前青春期，以及在其以后的生活中，都能清楚地看到这一点。然而，女孩不仅拒绝把父亲作为性对象，而且完全回避自己的女性角色。

为了理解这种对女性身份的逃避，我们必须考虑与早期婴儿期自慰——俄狄浦斯情结引起的兴奋的身体表现——有关的事实。

在这里，男孩的情况要清楚得多，或者我们只是对它了解得更多。女孩的事实对我们来说如此神秘，仅仅是因为我们总是通过男人的眼睛来看待它们吗？当我们甚至不承认小女孩也有自慰的特殊形式，而把她们的性欲描述为男性化的性欲时，情况似乎就是这样。当我们把这种区别（这种区别肯定是存在的）看作消极与积极的区别时，这种区别在对婴儿期性欲的焦虑中，就是阉割的威胁与阉割的现实之间的区别！我的精神分析经验非常明确地表明，小女孩有一种特殊的女性化的自慰方式（顺便说一下，在技术上不同于男孩）。小女孩只会阴蒂自慰，在我看来这是不确定的。我不明白为什么——不考虑它过去的发展——我们不应该承认阴蒂合法地属于女性生殖器官的一部分。

在女孩生殖发育的早期阶段，她们是否有阴道感觉，这是一件非常难以从成年女性给出的分析材料中确定的事情。在一系列的个案中，我倾向于得出上述结论。稍后我将引用促使我得出这一结论的材料。在我看来，这种感觉在理论上是很可能出现的，理由如下：毫无疑问，我们所熟悉的幻想是，一个过大的阴茎正在强行插入，产生疼痛，导致出血，并威胁要摧毁什么东西，这表明小女孩将她们的俄狄浦斯幻想建立在父亲和孩子之间的不匹配上。我也认为俄狄浦斯幻想和随之而来的对内部（阴道）受伤的恐惧表明，我们必须假定阴道和阴蒂在女性的早期婴儿生殖器组织中起着一定的作用[①]。人们甚至可以从后来的性冷淡现象中推断出，阴道区实际上比阴蒂有更强的贯注（由焦虑和防御而产生），因为乱伦的愿望与阴道被无意识准确地联系在一起。从这个角度来看，性冷淡必须被视为一种抵御威胁自我的幻想的尝试。这也将为无意识的愉悦感

---

① 自从我想到这种联系的可能性以来，我学会了将其看作对阴道损伤的恐惧的象征，来解释许多现象——以前我将其解释为男性意义上的阉割幻想。

觉提供新的视角。正如许多学者所认为的那样，这种感觉发生在分娩时，或者发生在分娩的恐惧中。因为分娩比性交在更大程度上被认为无意识地实现了那些早期乱伦幻想，所以它的实现不会附带罪疚感。女性的生殖器焦虑，就像男孩对阉割的恐惧一样，总是带着罪疚感的印记，而它正是通过这些罪疚感发挥其持久影响的。

另一个因素是两性解剖结构差异的某种结果。我的意思是，男孩可以检查自己的生殖器，看看是否出现了自慰的可怕后果。女孩在这一点上确实是处于黑暗之中，并且仍然处于完全不确定的状态。自然，在阉割恐惧严重的情况下，这种现实测试的可能性对男孩来说并不重要，但在恐惧较小的情况下，这实际上很重要——因为这种情况经常出现。我认为这种差异是非常重要的。无论如何，从我分析过的女性身上发现的精神分析材料使我得出这样的结论：这一因素在女性的精神生活中起着相当大的作用，导致了女性的内在不确定性。

在这种焦虑下，女孩倾向于逃向一个虚构的男性角色，从中寻求庇护。

这次逃亡的经济收益是什么？这里我要提到一个所有精神分析师可能都有过的经验。精神分析师们发现，成为男人的愿望通常是心甘情愿被承认的。一旦女性接受了男性角色，就会顽强地坚持下去，原因是希望避免实现与父亲有关的力比多愿望和幻想。因此，她们想成为男人的愿望促使女性愿望被压抑，让它们不得见光。如果我们忠于精神分析原则，不断重复的典型经验就会迫使我们得出这样的结论：在较早的时期，成为一个男人的幻想是为了确保主体不受与父亲有关的力比多愿望的影响而出现的。男性化幻想使女孩摆脱了背负着内疚和焦虑的女性角色。的确，这种从女性路线偏离到男性路线的尝试不可避免地引发了一种自卑感，因为女孩开始用与她们的生理特性不相关的要求和价值观来衡量自己，面对这些，她们不禁感到不足。

虽然这种自卑感非常折磨人，但是精神分析经验告诉我们，自卑感比与女性态度相关的罪疚感更容易忍受，因此当女孩从罪疚感的斯库拉逃到自卑感的卡律布狄斯时，无疑是自我的收获。

为了完整起见，我将补充另一种收获。正如我们所知，这是女性从与父亲的认同过程中获得的。关于这一过程本身的重要性，我在以前的工作中已经说过，我不知道还有什么可以补充的。

我们知道，这个与父亲认同的过程，回答了为什么回避女性和父亲有关的愿望总是导致女性的男性化态度这个问题。与前面所说的有关的反思为这个问题提供了另一种解释。

我们知道，每当力比多在其发展中遇到障碍时，个体就会退行到早期的心理阶段。现在，根据弗洛伊德的最新著作，阴茎嫉羡形成了对父亲的客体之爱的初级阶段。因此，弗洛伊德提出的这一观点有助于我们理解无论何时，只要力比多被乱伦的障碍所驱使，它就会精确地让个体的心理退行到初级阶段。

我原则上同意弗洛伊德的观点，即女孩是通过阴茎嫉羡来发展客体之爱的，但我认为这种演化的本质可能有不同的描述。

阴茎嫉羡的力量有很大一部分是因俄狄浦斯情结的退行而积累起来的。当我们认识到这一点时，我们必须抵制诱惑，不要根据阴茎嫉羡来解释两性相互吸引这个基本的自然原则。

当我们面对"如何从心理上理解这一原始的生物学原理"这一问题时，我们不得不再次承认自己的无知。的确，在这方面，我越来越强烈地认为，正是异性的吸引——从很早的时期就开始起作用，才使得小女孩对阴茎产生了力比多兴趣。正如我前面所描述的那样，这种兴趣，根据心理发展水平，首先表现为自慰和自恋。如果我们这样看待这些关系，关于男性俄狄浦斯情结起源的新问题就会在逻辑上出现，但我希望把这些问题推迟到以后的文章中再谈。但是，如果阴茎嫉羡是这种神秘的两性吸引力的最初表现，那么当分析揭示，它存在于比对孩子的渴望和对父亲的柔情依恋出现的层次更深的层次时，就没什么好奇怪的了。不仅仅是对阴茎的失望让小女孩走上了对父亲产生柔情依恋的道路。我们应该把对阴茎的力比多兴趣看作"部分爱"。用亚伯拉罕[①]的话来说，这种爱总是形

---

① Abraham, *Versuch einer Entwicklungsgeschichte der Libido* (1924).

成真正客体之爱的初级阶段。我们也可以用后来生活中的一个类比来解释这个过程。我指的是这样一个事实：嫉妒是专门用来导致一种爱恋态度的。

说到这种嫉妒是多么容易导致退行，我必须提到一项精神分析发现[1]，即在女性患者的交往中，想要占有阴茎的自恋渴望和对阴茎的客体力比多渴望常常交织在一起，以至于人们常常不确定"渴望它"[2]的含义。

再多说一句关于阉割幻想本身的话。因为它们是整个情结中最引人注目的部分，所以心理学家用其命名整个情结。根据我的女性发展理论，我不得不把这些幻想视为一种次级形成（secondary formation）。我是这样看待它们的起源的：当女性在虚构的男性角色中寻求庇护时，她们的女性生殖器焦虑在某种程度上以男性化的表述呈现，对阴道损伤的恐惧变成了对阉割的幻想。女孩从这种转变中获益，因为她们把惩罚的不确定性（由她们的解剖结构决定的不确定性）变成了一个具体的想法。此外，阉割幻想也处于旧的罪疚感的阴影之下，阴茎被看作无罪的证明。

现在，这些典型的逃向男性角色的动机——源于俄狄浦斯情结的动机——被女性在社会生活中所处的实际不利地位所强化和支

---

[1] 弗洛伊德在《童贞的禁忌》中提到了这一点。

[2] Gennan, *Haben-Wollen*.

持。当然，我们必须认识到，成为男人的愿望——当它从这样一个源泉产生时——是那些无意识动机的一种合理化形式。但我们不能忘记，这种劣势实际上是现实的一部分，而且它比大多数女性所能意识到的要大得多。

关于这一点，格奥尔格·齐美尔说："在社会学上对男性的更大重视可能是由于他们在力量上的优势地位。"从历史上看，两性的关系可以粗略地描述为主人和奴隶的关系。"主人的特权之一是他们不必经常认为自己是主人，奴隶则永远不会忘记自己是奴隶这一点。"

在这里，我们或许也可以解释精神分析文献中对这一因素的低估。事实上，一个女孩从出生起就无可避免地暴露在低人一等的暗示——无论是粗暴地还是巧妙地被传达给女孩——中，这种经历不断刺激着她们的男性气质情结。

还有一点需要进一步考虑。由于我们文明的纯男性化特征，所有普通的职业都被男性占据了，所以女性很难达到真正满足她们本性的任何升华。这肯定又对女性的自卑感产生了影响，因为她们自然无法在这些男性化的职业中取得与男性相同的成就。她们的自卑感似乎是有事实依据的。我很难判断女性在社会上的实际从属地位在多大程度上强化了逃避女性身份的无意识动机。人们可以把这种联系想象成心理因素和社会因素的相互作用。但我只能在这里指出这些问题。因为它们是如此重要，所以需要单独研究。

同样的因素对男性的发展必然会产生截然不同的影响。一方面，它们导致对男性的女性愿望更强烈的压抑，因为这些愿望会带来自卑感；另一方面，对男性来说，成功地升华它们要容易得多。

在前面的讨论中，我就女性心理学的某些问题提出了一个构想，它在许多方面不同于目前的观点。我所阐述的观点是片面的，这是可能的，但我在本文中的主要意图是指出错误可能是由观察者的性别导致的。我希望这样做，能够向我们都在努力达到的目标迈进一步。这个目标是：超越男性或女性观点的主观性，获得一幅女性心理发展的图景。这幅图景将比我们迄今为止所取得的任何成果都更真实地反映女性的本性——包括她们的特殊品质和与男人的不同之处。

第二章

被抑制的女性气质[①]：精神分析
对性冷淡问题的贡献

① "Gehemmte Weiblichkeit: Psychoanalytischer Beitrag zum Problem der Frigidität," *Zeitschr. f. Sexualwissenschaft*, Vol. 13 (1926-1927), pp. 67-77.

女性性冷淡的普遍现象使医生和性学家产生了两种截然相反的观点。

一些人把女性的性冷淡——就其对个人的重要性而言——比作男性的性功能紊乱。他们声称前一种现象和后一种现象一样，都是一种疾病。这指明了更认真地研究性冷淡的病因和治疗方法的重要性，特别是因为它的发生频率很高。

正是这种高频率导致了一种观念，即人们不能把如此普遍的现象看作一种疾病，而应该把各种程度的性冷淡看作文明社会的女性的正常性态度。无论我们提出什么样的科学假设来证明这一观念①，它们都导向一个结论：医生既没有理由，也没有机会通过自己的干预成功治疗性冷淡。

一般的论点，无论是赞成的还是反对的，无论是强调社会因素的还是强调体质因素的，都是基于强烈的主观信念，因此无助于引导我们对所讨论的问题进行一般的、事实性的澄清。精神分析这门科学从一开始就另辟蹊径。就其本质而言，它必须走这条道路。这

---

① Max Marcuse, "Neuropathia Sexualis," *Moll's Handbook of Sexual Sciences*, 3rd Edition, Vol. II, 1926.

便是对个体及其发展的医学-心理学观察。

如果我们可以认识到这条道路能使我们离问题的解决更近，那么我们似乎最终可以得到以下两个问题的答案：

（1）根据我们的经验，什么样的发育过程会导致特定女性出现性冷淡的问题？

（2）这一现象在女性的力比多经济中具有什么意义？

同样的问题在理论上可以用以下方式来表达：是否性冷淡只是一个孤立的症状，因此相当不重要？或者它与心理或生理健康的紊乱密切相关？

请允许我用一个粗略的——因此在许多方面是拙劣的——类比来说明这些问题的意义或可能的价值。假设我们对产生咳嗽症状的病理过程一无所知，我们便可以设想，人们会就咳嗽到底是疾病的征兆还是主观的烦恼展开讨论，因为很明显，许多人咳嗽并没有真的生病。然而，只有当我们不知道咳嗽与真实的疾病之间的联系时，关于这个讨论的不同意见才会存在。

尽管这个类比有明显的缺点，但我之所以做这样的类比，是因为它为我们提供了一个特殊的视角。是否像咳嗽一样，性冷淡只是一个表明内心深处出了问题的信号？

一种反对意见立即出现了。我们知道，很多女性性冷淡，却健康、高效。这种反对意见并不像乍一看那么有说服力，原因有二。

首先，只有对个案进行详细的调查，才能知道是否存在难以识别或与性冷淡有关的紊乱。我在这里想到的是性格不好或难以规划人生，这些都被错误地归咎于外部因素。其次，我们必须考虑到，我们的心理结构不像机器那样坚固，如果出现故障或弱点，就一定会整体失灵。我们有相当大的能力将性力量转化为非性力量，从而可能以一种文化上有价值的方式成功地升华它们。

在我深入探讨性冷淡的个体起源之前，我想先看看我们经常发现的与之相关的现象。我想把注意力放在那些或多或少处于正常范围内的现象上。

无论我们认为性冷淡是生理上的还是心理上的，它都是对女性性功能的一种抑制。因此，发现性冷淡与其他特定女性功能的损害有关并不奇怪。在很多个案中，我们都能看到各种各样的月经功能紊乱①，其中包括月经周期不规律、痛经、（完全停留在心理领域的）紧张、烦躁、虚弱。这些症状表现经常在月经前8至14天出现，每次都对女性的精神平衡造成相当严重的损害。

在有些个案中，困难在于女性对母性的态度。在某些情况下，女性会直接拒绝怀孕，并给出某种合理的解释。在另一些个案中，流产的发生并不自然。在其他个案中，我们还会听到许多常见的关

---

① 在这里以及以下的讨论中，我排除了由明确的器质性原因引起的疾病。

于怀孕的抱怨①。在分娩过程中，孕妇可能会出现神经性焦虑或功能障碍。一些女性在养育孩子方面存在困难，小则母乳喂养完全失败，大则神经衰弱。又或者，有的母亲可能对孩子没有应有的母性态度。相反，我们可能会看到那些易怒或过度焦虑的母亲，她们不能给孩子真正的温暖，而倾向于把孩子交给家庭教师养育。

在家务方面，我们也经常能看到类似的现象。家务要么被女性高估，被看成家庭给她们的折磨；要么使她们过度劳累，就像每一项不情愿去做的任务一样，被她们看成一种负担。

然而，即使没有这些对女性功能的干扰，有一种关系也会经常受到损害或变得不完整，那就是与男性的关系。我将在别的地方讨论这些干扰的本质。在这里，我只想表达的是：无论其表现为冷漠或病态的嫉妒，还是不信任或易怒，过度要求或自卑感，需要爱人或与女性建立亲密友谊，其都有一个共同点——让女性无法与异性客体建立完整（包括身体和灵魂）的爱的关系。

在分析过程中，当我们对这些女性无意识的精神生活有了更深入的了解后，我们通常会看到她们身上对女性角色非常坚决的拒绝。考虑到这些女性的意识自我中往往没有表明她们如此积极地拒绝女性气质的证据，这种说法是引人注目的。她们的外表以及有意

---

① 我们显然不能将这些障碍归咎于代谢的生理-化学变化，因为当存在有利的心理态度时，它们本身并不能引起这些障碍。

识的态度可能完全是女性化的。有人曾指出，性冷淡的女性可能对性有反应，对性有要求，这一观察结果警告我们，不要把性冷淡等同于拒绝性。事实上，在更深层次上，我们遇到的不是一般意义上的性拒绝，而是不愿扮演女性角色。当对女性角色的厌恶达到意识层面时，它通常被认为源自社会对女性的歧视，对丈夫或其他男性的谴责等。然而，在更深的层次上，这种厌恶还有另一种清晰的解释——对拥有男性气质的强烈愿望或幻想。我想强调的是，我们在这里已经进入了无意识的领域。虽然这样的愿望或幻想可能部分是有意识的，但女性通常不知道它们的程度和更深层次的本能动机。

以女性被歧视的感觉，对男性的嫉妒，想要成为男性、抛弃女性角色的愿望为内容的情感和幻想情结，我们称之为女性的男性气概情结。它对健康女性和神经质女性的生活的影响是如此丰富多样，以致我必须满足于以概述的方式描绘主要方向①。

在某种程度上，这种情结中女性对男性的嫉妒是最明显的，表现为对男性的怨恨，因男性享有特权而心生痛苦——这类似于工人对雇主的隐性敌意，以及他们通过上千种手段来击败雇主或在心理

---

① Abraham, "Manifestations of the Female Castration Complex," *Int. J. Psycho-Anal.*, Vol. 4 (1921). Freud, "The Taboo of Virginity," The Standard Edition. Vol. XI, p. 191.

上削弱雇主。简而言之，我们一眼就能认出这幅图画，因为它出现在无数的婚姻中。

我们也看到，一些女性虽然蔑视男性，却认为他们比自己优越得多。她们不相信女性有能力取得任何真正的成就，而更倾向于认同男性对女性的漠视。虽然她们自己不是男性，但她们至少愿意同意他们对女性的看法。这种态度经常与对男性的明确贬低倾向交替出现，使人想起狐狸和酸葡萄的故事。

这种无意识的嫉妒使女性对自己的美德视而不见，甚至母性对她们来说也是一种负担。一切都是用男性的标准来衡量的，也就是说，用一种与她们的本质格格不入的标准来衡量自己，因此她们很容易觉得自己不够好。因此，我们发现，即使在那些成就得到认可的天才女性身上，也存在着相当程度的不确定性。这源于她们深厚的男性气概情结，并可能表现为对批评过于敏感或胆怯。

这种被命运伤害和歧视的感觉可能导致她们无意识地要求补偿，因为命运对她们不公。考虑到其要求的起因，她们实际上永远无法得到满足。人们习惯于认为永远苛求、永远不满的女性形象源于普遍的性不满。但更深入的观察清楚地表明，这种不满可能是男性气概情结的结果。很容易理解且被经验证明的是，强烈的无意识的男性气质情结对女性接受自身的性别角色是不利的。如果不完全拒绝男性作为性伴侣，那么由于其内在逻辑，这种情结必然导致性冷淡。性冷淡很可能会强化自卑感，因为在更深的层次上，其被认为是没有爱的能力。这通常与把性冷淡看作正派或贞洁表现的道德评价完全对立。反过来，这种在性方面匮乏的无意识感觉很容易强化个体对其他女性的神经质嫉妒。

男性气质情结的其他后果更深地根植于无意识之中。如果没有对无意识机制的确切了解，我们就不太可能理解这些后果。许多女性的梦和症状清楚地表明，她们基本上还没有接受自己的女性气质。相反，在她们的无意识幻想中，她们认为自己实际上生来是男性。她们相信，出于某种原因，她们被残害，并且受伤了。与这种幻想保持一致的是，女性生殖器被认为是一个生病和受损的器官。这个想法后来一次又一次地被月经证实和激活。与这种性质的无意识幻想的联系很容易导致月经问题、性交疼痛及其他妇科病[1]。

在一些个案中，这些想法以及与之相关的抱怨和疑病症，并不附属于生殖器本身，而是转移到其他可能的器官。只有对精神分析材料——例如那些超出了介绍性文件框架的材料——进行详细的检查，我们才能对发生在个案身上的过程有深入的了解。只有通过分析本身的过程，我们才能获得关于这些无意识的男性化愿望的韧性的印象。

---

[1]　即使存在实际的有机变化，如异位，主观的抱怨也常常源于这些心理因素。

如果在这些女性的心理发展中寻找这种奇怪情结的起源，那么我们通常可以确定并直接观察到，她们有一个羡慕男孩生殖器的童年。这是一个公认的发现，我们可以很容易地通过直接观察来验证。分析性的解释毕竟是主观的，对这些观察结果没有任何补充。然而，即使可以直接证实这个发现，我们也会遭到坚定的怀疑。批评者不能否认"儿童会表达这类想法"这一事实，于是他们试图否认这类想法在发展中的重要性。他们指出，这样的愿望乃至嫉妒在一些女孩身上是可以观察到的，但这种嫉妒与对另一个孩子的玩具或糖果表现出的嫉妒差不多。

请允许我指出一个因素：在幼儿心理分化之前，身体在他们的生活中所起的作用。这个因素可能会使我们对这种观点产生怀疑。对待身体的原始态度让欧洲成年人感到奇怪。然而，我们看到，其他因在性问题上思考得更少而更少压抑的群体公开地奉行生殖崇拜，其中包括崇拜性的身体象征，特别是阴茎。他们将神圣的地位和神奇的力量赋予它。事实上，这些阴茎崇拜背后的思维模式与儿童的思维模式密切相关，任何熟悉儿童存在方式的人都清楚地知道这一点。反过来，这种思维模式也能帮助我们更好地理解孩子的世界。

如果我们现在接受阴茎嫉羡是一个经验事实，那么很容易出现一种反对意见，我们很难用理性思维来反驳它。这种反对意见是：

女孩完全没有理由去嫉妒男孩。就她们做母亲的能力而言，她们具有如此无可置疑的生物学优势，以至于人们宁愿想到相反的情况，即男孩心中对母性的嫉妒。我想简要地指出，这种现象确实存在，其中还产生了一种强大的刺激，促使男性在文化领域发挥其生产力①。但是，小女孩在早期阶段还不明白她们有相对于男孩的生育优势，因此并不能让她们感到自己处于有利地位。虽然如此，但是对我们高估阴茎嫉羡的批评还是有一定道理的。实际上，后期的男性气质情结及其灾难性后果并不是这一早期发展阶段的直接产物，而是经过复杂的迂回后才产生的。

为了理解这些情况，我们必须认识到阴茎嫉羡是一种自恋的态度，是针对自我而不是客体的。在正常的女性气质发展过程中，这种自恋的阴茎嫉羡几乎完全淹没在对男人和孩子的客体力比多欲望中②。这与以下观察结果非常吻合：女性特质正常发展的女性，在上述关于男性气质情结的表达方面，没有任何值得一提的表现。

然而，精神分析表明，为了保证正常的发展，必须满足许多条件；在发展过程中，有和正常发展条件同样多的阻碍或干扰在等着我们。性心理发展的关键阶段是家庭中第一种客体关系发生的阶

---

①　参考"孩子"和"工作"、"创造"和"分娩"等在语言上的对等关系。

②　我假定大家对这个阶段——俄狄浦斯阶段——的精神分析研究有所了解。关于它与男性情结的关系，参见《关于女性阉割情结的起源》。

段①。在这一阶段（在三到五岁之间达到顶峰），不同的因素可能会出现，导致女孩从她们的女性角色中退缩。例如，对兄弟的过分偏爱往往会在很大程度上促使小女孩强烈地渴望男性气质。在这方面，早期对性的观察有更持久的影响。在一个对孩子隐藏性事的环境中，这一点尤其正确。正是通过这种对比，她们具有了不可思议的、被禁止的特征。父母的性行为——孩子在出生后的头几年里经常观察到——在孩子的想象中，通常意味着母亲被强奸，受伤或生病。观察到母亲经血的痕迹强化了孩子的这一观点。偶然的印象，比如父亲表现出残忍的一面和母亲生病，可能会强化孩子的观点，即女性的地位是不稳定和危险的。

所有这一切都影响着小女孩，特别是因为这一切发生在她们第一次性发育高潮的阶段。在这个阶段，她们无意识地将自己的本能要求与母亲的本能要求保持一致。从这些无意识的本能要求中，产生了在同一个方向运作的冲动。也就是说，这种早期女孩对父亲的爱恋态度越强烈，其失败——出于对父亲的失望或对母亲的内疚——的可能性就越大。此外，这些影响与女性角色有着不可分割的联系。这种与罪疚感的联系尤其会出现在对自慰的恐吓之后。众所周知，自慰是这一时期性刺激的身体表现。

---

① Sigmund Freud, "On the Transformation of Instincts with Special Reference to Anal Erotism," *Collected Papers*, Vol. II, pp. 164-171.

由于这些焦虑和罪疚感，女孩可能会完全背离女性角色，为了安全感而在虚构的男性气质中寻求庇护。最初从天真的嫉妒中产生的男性气质愿望，就其本身的性质而言，注定要早早消失，现在却被强大的冲动贯注，并且揭示了我上面所说的巨大影响。

非精神分析人士更倾向于首先思考后来感情生活中的失望。我们有时确实会观察到，一个男人在对一个女人感到失望之后，可能会转向同性的爱恋客体。我们当然不应该低估这些后来的事件，但我们的经验提醒我们，这些后来的感情生活的不幸可能正是童年时期产生的态度的结果。此外，即使没有这些后来的经历，所有这些后果也可能发生。

一旦这些无意识的男性气质愿望占据了上风，女性就陷入了致命的恶性循环。她们最初是从女性角色逃到男性角色的想象中去的。她们想象中的男性角色一旦确立，就会反过来加深她们对女性角色的拒绝，让她们产生一种可鄙的感觉。一位把自己的生活建立在这种无意识伪装基础上的女性，基本上受到两方面的威胁：一方面是她们的男性气质愿望，因为这些愿望动摇了她们的自我感觉；另一方面是她们被压抑的女性气质，因为某些经历会不可避免地使她们想起自己的女性角色。

文学为我们描述了一个在这样的冲突下崩溃的女人的命运。我们从席勒笔下的《奥尔良的姑娘》中认出了她，她被描绘在历史的宏大脉络中。浪漫化的历史外衣将女主角呈现在她的罪疚感之下，因为在短暂的一瞬间，她爱上了自己国家的敌人。然而，这似乎不足以让她产生如此深刻的负罪感和如此严重的崩溃。罪与罚之间的关联是不正确和不公正的。然而，一旦我们假设诗意的直觉指向无意识中产生的冲突，深刻的心理学意义就出现了。我们可以在开场白中寻求对戏剧的心理学理解。在开场白中，女仆听到上帝的声音，禁止她拥有所有的女性经历，但承诺给她男性荣誉。开场白如下：

> 你永远不会被男人的爱所拥抱
>
> 你的心也不会被激情的火焰所笼罩
>
> 你的头发不会被新娘的花环所装饰
>
> 没有可爱的孩子可以依偎在你的胸前
>
> 但我将用战争的荣耀
>
> 使你在世间所有女人的名声和命运面前
>
> 变得伟大①

让我们假设上帝的声音在心理上等同于父亲的声音。这个假设通过无数的经历得到了证实。因此，基本情况的核心将是这样一个

---

① Friedrich Schiller, *Maid of Orleans*, translated by Charles E. Passage (New York, Frederick Unger Publishing Company, 1961), p. 15.

事实：禁止她的女性体验与她对父亲的感情有关；这种禁止，被投射到父亲身上，将她推向了男性化的角色。因此，彻底的崩溃不会因为她爱一个国家的敌人而出现，而是因为她压抑的女性气质得到解放，并伴随着罪疚感。顺便提一句，这种冲突不仅会导致情绪低落，也会导致她在"男性"成就方面的失败。

在医学心理学中，小范围内观察到的个案与诗人凭借非凡的直觉创造的角色相似。这些个案都是女性在第一次性经历后变得神经质或表现出人格变化的个案，无论是在了解性之后，还是在实际的性行为之后。综上所述，人们可以说，在这些个案中，由于无意识的内疚或焦虑感，通往特定女性角色的道路被阻碍了。这样的阻碍不一定会导致性冷淡。问题是其产生的阻力有多大，这决定了女性气质会被压抑到什么程度。我们可以观察到这种阻碍带来的一系列症状，从拒绝思考性到性冷淡。如果这种阻碍带来的阻力较小，那么性冷淡通常就不是一种僵化的、不可改变的反应模式。对于大部分的无意识来说，在某些条件下它是可以被丢弃的。对一些女人来说，性关系必须在禁忌的氛围中发生。对另一些女人来说，它必须伴随着一些暴力的痛苦。还有一些女人只有在排除所有情感参与的情况下才有可能与人发生性关系。在最后一种情况下，女人和心爱的男人在一起时可能是性冷淡的，却能够与一个不爱的男人发生性关系。

从这些性冷淡的不同表现中，我们可以正确地推断出其心理成因。此外，对其发展的精神分析有助于我们理解，它在某些心理状态下的出现或消失是由个体的发展史严格决定的。从这个角度来看，斯特克尔的说法"性冷淡的女人仅仅是没有找到适合她们的满足形式的女人"是一种误解，因为"适合的形式"可能与无意识的条件有关，这些条件要么根本无法实现，要么是有意识的自我无法接受的。

因此，性冷淡的现象符合一个更大的框架。因为力比多的积累，它本身可能确实是一种重要的症状。由于力比多缺乏实际的释放，很多女性很难忍受其结果。然而，它只有通过作为其基础的发育障碍才能获得真正的意义。它仅仅是发育障碍的一种表现。从这一见解出发，我们就很容易理解为什么女性的其他功能也经常受到性冷淡的影响，为什么没有性冷淡从而不受其潜在影响的女性很少有严重的神经障碍。

我们回到最初的问题，即性冷淡现象的高发性。无须进一步讨论，我们就可以得出结论：性冷淡的普遍存在不足以成为它是一种正常表现的理由，特别是因为我们可以在导致它的发育障碍中追溯它。然而，关于其普遍存在的原因仍然不得而知。

回答这个问题，我们不能单靠精神分析的方法。精神分析所能做的不过是指出，或者更好地指出，性冷淡的发展途径。除此之外，它让我们更容易接近这些发展途径。但它不能告诉我们为什么会有那么多的女性走上这条道路。在任何情况下，我们除了推测，别无所得。

在我看来，性冷淡的高发性与超个人的文化因素有关。众所周知，我们的文化是一种男性文化，因此总的来说，不利于女性的发展，特别是其个性的发展[①]。在这一因素对女性产生的诸多影响中，我只想特别强调两点。

第一点，无论作为母亲或爱人的女性个体得到多么大的重视，从人类文明发展的角度来看，男性都被认为更有价值。小女孩就是在这种普遍印象中成长起来的。如果我们能够认识到，从她们出生后的最初几年起，女孩就有嫉妒男孩的理由，我们就可以很容易地理解，这种社会印象在很大程度上让她们在意识层面能够证明她们的男性化愿望是正确的，并且在很大程度上阻碍了她们内在的女性气质发展。

第二点，另一个不利因素在于当代男性情色的特殊性。我们偶尔在女性身上发现的关于爱情的性感和浪漫成分的分裂，似乎在受过教育的男性中就像性冷淡在女性中一样频繁出现[②]。一方面，一个男人会找一个女人作为他的生活伴侣和朋友，他在精神上与她很

[①]　Georg Simmel, "Philosophische Kultur," *Gesammelte Essays von Georg Simmel*, ed. Dr. Werner Klinkhardt (Leipzig, 1911).

[②]　Sigmund Freud, "Contributions to the Psychology of love: A Special Type of Choice of Object Made by Men," *Collected Papers*, Vol. IV, pp. 192-202.

契合，但他对她的感情是克制的。在内心深处，他期望对方以类似的态度对待他。这对女人的影响是显而易见的，很容易导致女人的性冷淡，即便其自身发展中的阻碍并非不可克服。另一方面，这样的男人会寻找一个只能和他发生性关系的女人，这在他与妓女的关系中表现得最为明显。这种行为也会导致身为男人伴侣的女人出现性冷淡。因为一般说来，女人的情感与性的关系要紧密得多，一致得多，所以当她们不爱或不被爱时，她们就不能完全地奉献自己。我们需要考虑到，由于男性的支配地位，他们的主观需要在现实中可以得到满足。我们也应考虑到习俗和教育在女性禁忌的产生和维持方面产生的作用。这些信息能够说明是什么强大的力量在抑制女性自由地展现她们的女性气质。此外，精神分析表明，在女性的发展中，有许多因素可以从内部导致女性对自身性别角色的拒绝。

决定性影响在多大程度上取决于外源性因素或内源性因素，在每个个案中都有所不同。然而，从根本上说，这是以上两种因素共同作用的结果。也许我们可以推测，更准确地洞察它们共同作用的模式，可能有助于我们真正理解女性气质受抑制的高发性。

第
四
章

一夫一妻制理想[①]

---

① 1927年9月3日，在第十届国际精神分析大会上宣读。参见《国际精神分析杂志》，第9卷，1928年，318-331页。

在很长一段时间内，我越来越惊讶于，为什么至今还没有人对婚姻问题进行彻底的精神分析①，尽管每一个分析师对这些问题肯定都有很多话要说，尽管实践和理论层面——实践层面，我们每天都面临着婚姻冲突；理论层面，生活中几乎没有另一种情境像婚姻这样，与俄狄浦斯情境如此密切、明显地联系在一起——都对回答这些问题提出了要求。

　　也许（我对自己说）这些问题与我们的关系太密切了，不足以成为科学研究的对象。也有可能不是这些问题，而是这些冲突太接近我们，太接近我们最亲密的个人经验的深刻根源。此外，婚姻是一种社会制度，我们从心理学的角度来看待婚姻问题必然是受限的。与此同时，这些问题的实际重要性迫使我们至少设法了解它们的心理基础是什么。

---

　　①　这并不意味着精神分析文献尚未涉及这些问题的任何方面。我只需提到弗洛伊德的《文明的性道德与现代神经症》和《爱的心理学贡献》、费伦齐的《性习惯的心理分析》、赖希的《性高潮的功能》、舒尔特-亨克的《精神分析导论》、弗利格的《家庭的精神分析研究》就可以证明这一点。在《婚姻之书》（马克斯·马尔库斯编辑）中，我们有罗海姆的《婚姻的原始形式和变迁》、霍妮的《心理适合与婚姻》《关于选择配偶的心理条件》《关于一些典型婚姻冲突的心理根源》，这也是很好的例证。

虽然为了撰写本文，我选择了一个特殊的问题，但我们必须首先就婚姻所隐含的基本心理状况形成一个概念（尽管只是大致的概念）。凯泽林最近在他的《婚姻之书》中提出了一个引人注目且显而易见的问题。他问道，尽管各个年龄段的人的婚姻都不幸福，但到底是什么促使人们结婚？幸运的是，为了回答这个问题，我们的讨论既没有被迫在女性对丈夫和孩子的"天然"渴望上落脚，也没有像凯泽林那样，给出形而上学的解释。我们可以更精确地断言，驱使我们步入婚姻的显然正是这样一种期望，我们可以在其中发现从童年俄狄浦斯情境中产生的旧愿望——成为父亲的妻子，把他作为自己的专属财产，并为他生下孩子的愿望——的实现。尽管我们承认在任何特定时期，社会结构都会影响这些永恒愿望的形式，但是当我们听到有人预言婚姻制度将很快结束时，我们也会非常怀疑。

因此，婚姻的初始状态充满了危险的、沉重的、无意识的愿望。这或多或少是不可避免的，因为我们知道，这些愿望的再现是无法避免的。无论是我们对婚姻问题的洞察，还是我们获取的关于他人婚姻问题的间接经验，都不能真正起多大作用。现在，关于为什么这种无意识愿望的再现是危险的，我们有两个解释。从本我的角度来看，主体感到失望，不仅因为实际上成为父亲或母亲，一点儿也没有让无意识愿望在我们脑海中留下的画面成真，而且正如弗洛伊德所说，因为丈夫或妻子永远只是一个替代品。失望的痛苦程度一方面取决于固着的程度，另一方面取决于客体及获得的满足与无意识性欲之间的差异程度。

超我再次受到乱伦禁令的威胁，这一次是与婚姻伴侣有关的。无意识的愿望实现得越彻底，这种威胁就越大。乱伦禁令在婚姻中的复现显然是非常典型的，导致直接的性目的让位于一种亲密的情感。在这种情感中，性目的被抑制了。这正如乱伦禁令在孩子和父母的关系中导致的结果一样。我个人只知道一个没有出现这种发展情况的例子。在这个例子中，妻子把丈夫看作性的客体，永远爱着他。然而，这个女人在十二岁时就和她的父亲享受到了真正的性满足。

当然，在婚姻生活中，性倾向于沿着这个方向发展还有一个原因：性紧张由于欲望的满足而减少，特别是因为欲望总是可以在主体与特定的客体的联系中得到满足。但是，这种典型现象的深层动机，其过程的迅速，特别是其发展的程度，都可以在俄狄浦斯式发展模式的重复①中得到追溯。除了偶然因素外，早期俄狄浦斯情境

---

①　在《关于性生活中最常见的退化形式》（《弗洛伊德文集》第IV卷，第203页）一文中，弗洛伊德以类似的形式探讨了这个问题。他写道："但是，本能的精神性价值在得到满足后一定会降低吗？"他提醒我们，习惯性饮酒者和他的酒之间会发生什么——随着时间的推移，他对某种特定饮料的依赖会越来越强。弗洛伊德对整个问题的回答和这里给出的回答是一样的。他提醒我们，在我们的性生活中，原初客体可以由一系列无穷无尽的替代品来代表，"没有一个能完全令人满意"。我只想补充一点：个体不仅会寻找"真正"的爱的对象，而且会对当前对象产生厌恶——因为禁忌很容易与愿望实现联系在一起。

影响的表现方式和程度，取决于乱伦禁令在多大程度上仍然被个体感知为一种真实的力量。更深刻的影响，虽然在不同的人身上表现得如此不同，但我们可以总结为：它们会导致某些限制或条件；在这些限制或条件下，尽管有乱伦禁令的存在，但是主体仍然能够容忍婚姻关系。

正如我们所知，这种限制可能会在选择的丈夫或妻子的类型中体现出来。可能被选为妻子的女人绝对不能让人想起她的母亲。在种族、社会出身、智力水平或外貌方面，她必须与母亲有所不同。这有助于解释为什么由谨慎促成的婚姻或通过第三方介入而缔结的婚姻往往比有真爱的婚姻结果更好。虽然婚姻状况与俄狄浦斯情结产生的愿望的相似性导致了主体早期态度和发展模式的重复，但是如果主体从一开始就没有把无意识愿望与未来的丈夫或妻子联系起来，这种重复就会减少。此外，当我们提到保护婚姻免受更暴力的灾难形式荼毒的无意识倾向时，我们可以觉察到，在安排婚姻的中介机构中有某种心理智慧，比如东方犹太人的心理智慧。

我们可以在婚姻中看到这些限制是如何由我们头脑中的所有心理装置创造出来的。本我中有各种各样的生殖禁忌，从对伴侣的性保留——排除前戏或性交，到完全的阳痿或性冷淡。此外，我们在自我中看到了为自己辩护的各种尝试。其中一种尝试可以看作对婚姻的否认，常常表现为女性仅仅承认已经结婚的事实，内心却不这样认为，内心不断因结婚感到惊讶，倾向于签自己的少女名字，以少女的方式行事等。

但是，由于内心需要向良心证明婚姻是正当的，自我常常对婚姻持有相反的态度，夸大婚姻本身，或者更确切地说，以一种夸张的方式强调对丈夫或妻子的爱。人们可以生造出"为爱辩护"这一说法，并在法庭对因爱而犯罪的人所作的宽大处理中看到类似的情形。弗洛伊德在他关于一例女同性恋个案的论文中指出，在我们的意识中，没有什么比我们以为的自己对另一个人的喜爱或厌恶程度更不可靠的了。在婚姻中尤其如此，人们常常高估了所感受到的爱的程度。我一直在问自己，我们该如何解释这一点。在短暂的关系中，人们容易产生这种错觉，这并不奇怪。但是我们可以假定，在婚姻中，关系的持久性和更频繁的性欲满足，都会消除对性的高估以及与之相关的幻想。显而易见的是，人们很自然地试图解释自己在婚姻中对精神生活的巨大需求，认为这种需求是由强烈的情感引起的，因此即使在这种情感不再能够发挥作用之后，他们也会固守这种情感。然而，必须承认，这种解释是相当肤浅的，很可能源于我们所熟悉的自我中的整合需要，我们完全可以将对事实的伪造——为了在如此重要的关系中表现专一态度——归因于这种整合需要。

俄狄浦斯情结再一次提供了一个非常深刻的解释。我们看到，伴随个体进入婚姻的戒律和爱、忠于伴侣的誓言，被无意识看作第四条戒律的更新。因此，在个体的无意识中，不爱婚姻中的伴侣，就像没有遵循父母的戒律一样，是一种极大的罪过；无法抑制仇恨和夸大爱，以前的经验也被强制地在每一个细节上精确地重复。除非我们假定爱本身是为超我禁止的关系提供正当性的必要条件之一，否则在很多情况下，我们不能正确地理解这种现象。保持爱或对爱的幻想自然起着重要的作用，这就是人们如此执着于追求爱的原因。

最后，我们发现，痛苦（就像神经症带给个体的体验一样）是婚姻可以在非常严格的乱伦禁令下坚持下来的条件之一。痛苦可能会以各种各样的形式出现，以至于人们无法指望在一篇简短的文章中对它们进行公正的描述。我只在这里简单叙述。例如，在一些人的家庭生活或职业中，有一些限制条件是由无意识设计的，因此个体超负荷工作或不得不"为了家庭"过度牺牲自己——这在个体看来是一种负担。又或者，我们经常能够观察到，结婚后，无论是在职业方面，还是在性格或智力方面，人们都牺牲了很多个人发展的可能性。我们可以从无数的例子中总结出：其中一方成为另一方要求的奴隶，心甘情愿地忍受痛苦，可能是因为一方有意识地享受一种强烈的责任感。

人们常常惊奇地问自己：究竟是什么原因使婚姻非但没有破

裂，反而往往如此稳固呢？正如我已经指出的那样，正是痛苦保证了这种结合的持久性。

说到这里，我们就会认识到，这些情况与那些以神经症为代价换取婚姻的情况之间根本没有明确的界限。我无意在此讨论后者，因为在本文中，我主要希望讨论那些可以被描述为正常的情况。

认为我在一定程度上背离了事实是多余的。我所描述的每一种限制或条件都是确定存在的，并且为了便于说明，我单独给出了每一种限制或条件，实际上它们通常混杂在一起。举个例子，我们可以在非常受人尊敬的女性身上觉察到所有这些限制或条件。她们具有一种母性态度绝非罕见，似乎只有这种态度才使她们有可能结婚。她们好像在说："在我与丈夫的关系中，我不能扮演妻子和女主人的角色，只能扮演母亲的角色，因为这代表我有爱的关怀和责任感。"这样的态度在某种程度上是婚姻的良好保障，但它是建立在爱的克制之上的，丈夫和妻子的内心生活可能因此变得枯燥乏味。

无论在个体身上，这种满足太多和满足太少的两难境地的后果是什么，在所有情况下，这两个因素——幻想破灭和乱伦禁忌以及它们导致的对丈夫或妻子的秘密敌意，将使得个体疏远伴侣，迫使对方不自觉地去寻找新的爱恋对象。这就是导致一夫一妻制出现问题的基本原因。

获得解放的力比多还可以通过升华、压抑、对以前客体的退行性贯注得到释放，以及通过孩子宣泄出来，但这些我们今天不谈。

我们必须承认，别人成为我们的爱恋对象的可能性总是存在的。我们在童年获得的印象及其二次加工是如此繁杂，以至于我们可以选择迥然不同的对象。

在正常人身上，这种寻求新客体的冲动可能从无意识来源中获得巨大的动力。虽然婚姻确实代表早期愿望的实现，但是只有在个体的发展使其能够对同性别父母的角色产生真正认同的情况下，这些愿望才能实现。每当俄狄浦斯情结的结果偏离了这种虚构的规范时，我们就会发现同样的现象：个体在某些基本点上，坚持扮演母亲、父亲和孩子的三角关系中的孩子角色。在这种情况下，从本能态度中产生的愿望就不能通过婚姻直接得到满足。

我们在弗洛伊德的作品中已经很熟悉这些从童年延续下来的爱的限制或条件。因此，我只需要唤起你们的记忆，以说明婚姻的内在意义如何阻碍了它们的实现。对孩子来说，爱恋对象与禁忌有着不可分割的联系。因此，对丈夫或妻子的爱是不被允许的。在这之外，还隐约出现了夫妻责任这一观念。竞争（存在第三方受伤的情况）是一夫一妻制婚姻的本质所排斥的。事实上，婚姻中的独占性是法律赋予的一种特权。这里我们是在一个不同的层面上，因为上述情况可追溯到俄狄浦斯情境，而我即将提到的情况可以追溯到对特殊情境——俄狄浦斯冲突已经终止——的固着。由于生殖器的不确定性和自恋结构中相应的弱点，个体可能会有一种反复展示力量或性吸引力的强迫性冲动。又或者说，哪里存在无意识的同性恋倾向，哪里就会存在寻找与主体性别相同的爱恋客体的强迫性冲动。从女性的角度来看，这可能是通过迂回的途径实现的，要么丈夫被迫与其他女人发生关系，要么妻子自己寻求另一个女人在其中起作用的关系。从实际的观点来看，最重要的是，在情感分裂持续存在的情况下，个体将被迫把温柔的感情给予无法引发其感官欲望的客体。

我们很容易看出，保留这些限制或条件对一夫一妻制的原则是不利的。相反，这必然会驱使丈夫或妻子去寻求其他的爱情对象。

一夫多妻的愿望与伴侣对一夫一妻制关系的需求，以及我们心中关于忠诚的理想形象发生了冲突。

显然，要求别人放弃相比要求自己放弃客体，是一种更原始的现象。从广义上讲，这种要求的起源是清楚的。很明显，这是婴儿时期想独占父亲或母亲的愿望的再现。现在，这种独占的要求绝不是婚姻生活所特有的（正如我们所预料的那样，它的根源在我们每个人身上）。相反，它是每一种完整的爱恋关系的本质所在。当然，在婚姻关系及其他关系中，它可能是纯粹出于爱而提出的要求，但就其起源而言，它与对客体的破坏性倾向和敌意有着不可分割的联系，以至于在这种爱中往往什么也没有留下。这种要求仅仅充当了表达破坏性倾向和敌意的屏障。

在精神分析中，这种独占的愿望首先在口欲期表现为个体为了独占客体而合并客体。以普通的观察来看，它在占有的贪欲中暴露了它的起源，这种贪欲使个体不仅不愿从伴侣那里获得任何性体验，而且嫉妒伴侣的朋友、工作或兴趣。这证实了我们从理论知识中推测出的观点，即在这种占有欲中，就像在每一种受限于口欲的态度中一样，有一种矛盾心理的混合。有时我们会产生这样一种印象：男人不仅比女人更有力地把一夫一妻制天真的忠诚要求强加给伴侣，而且独占的本能要求在男人身上更强烈。这是有重要的意识层面的原因的。例如，男人希望确保自己的父亲身份，很可能正是这种要求的口欲起源使它在男性中具有更强的动力，因为当母亲给他们喂奶时，他们至少体验到部分合并了爱恋对象，而女孩在她们与父亲的关系中却无法追溯任何相应的体验。

进一步的破坏性因素与这种欲望紧密结合在一起。在早期，想要独占父亲或母亲的爱会遭遇挫折，让个体失望，导致一种憎恨和嫉妒的反应。因此，在这种要求的背后总是潜伏着某种仇恨，我们通常可以从要求的执行方式中察觉到这种仇恨。如果旧的失望再次出现，这种仇恨就会爆发出来。

早期的挫折不仅伤害了我们的客体爱，也伤害了我们自尊心最柔软的地方。我们知道，在这一点上，每个人都带有自恋的伤疤。在很大程度上，要求一种一夫一妻的关系，是我们的自尊心在作祟。这种要求的强烈程度，与早期失望留下的伤疤的敏感性成正比。在男权社会中，排他性占有的要求首先是由男人提出的，这种自恋的因素在对"绿帽子"的嘲笑中明显地表现出来。这种要求不是出于爱。这是一个威望问题。在一个男性统治的社会里，这必然会越来越构成一个威望问题，因为人们通常更看重自己在同伴中的地位，而不是爱情。

最后，一夫一妻制的要求与肛门–施虐期的本能因素密切联系在一起，正是这些本能因素与自恋因素一起赋予一夫一妻制的要求一种特性。因为与自由的恋爱关系相反，在婚姻中，占有以一种双重的方式与它的历史意义密切相关。婚姻本身是一种经济同盟这一事实，不如把女性看作男性的动产这一观点重要。因此，在没有任何个人特别强调肛欲特征的情况下，上述因素在婚姻中起作用，并将对爱的要求转化为占有的肛欲期要求。我们在古代对不忠妻子的刑罚中可以看到这些因素最原始的形式，在当代的婚姻中，我们仍然可以用来强化要求的方式——充满感情的冲动和警惕的猜疑，目的是折磨伴侣，我们在对强迫性神经症的分析中经常能看到这种表现——中发现它们。

一夫一妻制理想的力量来源似乎是足够原始的。尽管它的起源可以说是上不得台面的，但它已经发展成为一种专横的理想，并且我们知道，它共享了其他理想的演变。在其他理想中，被意识拒绝的本能冲动得到了满足。在这种情况下，促成这一过程的是这样一个事实：我们某些被压抑的愿望的实现在不同的社会和文化形态中都代表了有价值的成就。正如拉多在他的论文《一个焦虑的母亲》[①]中所表明的那样，这种理想的形成使自我必须限制它的批判功能，否则它就会明白，这种永久占有的要求，虽然作为一种愿望可以理解，但作为一种要求，不仅难以执行，而且是不合理的。进一步说，它代表的是自恋和施虐冲动的满足，远远超过它所指向的获得真爱的愿望。正如拉多所说，这种理想的形成为自我提供了一种"自恋保险"，在这种保险的掩护下，它可以自由地发挥所有它本来会谴责的本能，同时，在它提出的主张是正确和理想的感觉中，它自己得到了提高。

当然，这些要求得到法律的认可，这一事实具有极大的重要性。正是这种强制性，婚姻才暴露于危险之中。因认识到这一点而提出的改革建议，通常不考虑取消这种强制性。然而，这种法律制裁很可能仅仅是要求在人们心中所具有的价值的外在表现。当我们认识到独占的要求是在多么根深蒂固的本能基础上站稳脚跟时，我们就会看到，如果把目前为这种要求辩护的理由从人性中夺走，我

---

① *Int. J. Psycho-Anal.*, Vol. IX (1928).

们将不惜一切代价以某种方式找到新的理由。此外，只要社会重视一夫一妻制，从心理经济学的角度来看，它就能允许作为要求基础的本能得到满足，以补偿它强加给本能的限制。

对一夫一妻制的要求，虽然具有这种普遍基础，但在个别情况下，可能会从各个方面得到加强。有时，它的一个成分可能在本能经济中起着巨大作用，所有嫉妒的动力因素都可能起作用。事实上，我们可以把一夫一妻制的要求描述为抵御嫉妒折磨的保险。

就像嫉妒一样，它也可能因罪疚感而被压抑。这种罪疚感让我们觉得，我们没有权利独享父亲。或者，它也可能被淹没在其他本能的目的中，比如被淹没在众所周知的潜在同性恋表现中。

此外，正如我所说，一夫多妻制的要求与我们自己的忠诚理想是有冲突的。不同于一夫一妻制的要求，我们自己的忠诚态度在我们婴儿时期的经历中并没有直接的原型。它的内容代表了一种本能的限制。因此，它显然不是什么初级的东西，甚至在它的开端，也是一种本能的转化。

通常，研究女性比研究男性能让我们有更多的机会研究这种一夫一妻制的要求。我会问自己为什么会这样。对我来说，问题不在于男人是否像人们经常断言的那样，天生就有一夫多妻的倾向，因为我们对自然的倾向所知甚少。这种断言显然只是男性根据自己的偏好虚构出来的。然而，我认为，我们有理由提出这样的问题：究竟是什么心理因素使得现实生活中男性比女性更不忠诚？

这个问题的答案不止一个，因为它与历史和社会因素密切相关。例如，我们可以思考下，男人以各种方式更有效地践行了他们关于一夫一妻制的要求，这在多大程度上决定了女人的忠诚。在这里，我不仅考虑到女性在经济上的依赖，也考虑到针对女性不忠的严厉惩罚。在这个问题中还有其他更复杂的因素，弗洛伊德在《童贞的禁忌》中已经阐明了这一点：男人要求女人以处女身份结婚，以确保自己有某种程度的性奴役权。

从精神分析的角度来看，有两个问题与这个问题有关。第一个问题是：既然受孕的可能性使得性交在生理上对女性来说比对男性来说更重要，难道这一事实不应该有某种心理表征吗？就我个人而言，如果事实并非如此，我应该感到惊讶。我们在这个问题上所知甚少，以致到目前为止，我们从来没有成功把特殊的生殖本能孤立出来，它总是处在它的心理上层建筑下。我们知道，精神的爱和肉体的爱之间的分离——对忠诚的可能性有着如此强烈的影响——主要是一种男性特征。这难道不是我们正在寻找的与两性之间的生理差异相关的心理特征吗？

第二个问题产生于下面的思考。俄狄浦斯情结在男性和女性身上的表现之间的差异，可以这样表述：男孩为了生殖骄傲，更彻底地放弃了原始的爱恋对象，而女孩则更强烈地依附于父亲这个人，但显然只有在她们在很大程度上放弃她们的性别角色的条件下，她们才能这样做。那么问题就会是：是否因为女性有更大的生殖器抑制，我们无法在以后的生活中找到这种性别差异的证据？是否恰恰是这种抑制，使女性更容易保持忠诚，就像性冷淡比阳痿要常见得多一样（这两种情况都是生殖器抑制的表现）。

如此，我们就得出了一个可以被看作忠诚的基本条件的因素，即生殖器抑制。我们只要看看性冷淡的女人或阳痿的男人所特有的不忠倾向，就会认识到，虽然这样表述忠诚的条件也许是正确的，但是一个更精确的陈述肯定是必要的。

我们可以进一步看到，那些具有强迫性忠诚特征的人往往在传统禁忌[1]的背后隐藏着一种罪疚感。一切被习俗所禁止的——包括一切未经婚姻许可的性关系都受无意识禁忌所限，无意识禁忌赋予了习俗巨大的道德分量。正如我们所预料的那样，只有那些在一定条件下才能结婚的人才会遇到这种困难。

这种罪疚感尤其会出现在与伴侣的关系中。伴侣无意识地为个体承担了其渴望和喜爱的父母角色，而且个体对禁令和惩罚的旧恐惧会再现并指向伴侣。因自慰而产生的罪疚感可能会再现，并且在第四条戒律的压力下，产生了同样充满罪疚感的气氛，即一种夸大

---

[1]　西格里德·温塞特在《克里斯汀·拉夫兰斯达特》中非常清楚地展示了这种联系。

的责任感或一种烦躁的反应。在其他情况下，这种气氛是一种不真诚的气氛，其中存在一种因害怕对伴侣隐瞒任何事情而产生的焦虑反应。我倾向于认为这种不忠和自慰有更直接的联系，而不仅仅是从罪疚感中产生的。的确，最初在自慰中，与父母有关的性愿望找到了身体上的表达。但一般来说，在自慰幻想中，父母在个体很小的时候就被其他客体所取代。因此，这些幻想，以及原始的愿望，代表了孩子对父母的第一次不忠。这同样适用于早期与兄弟姐妹、玩伴、仆人的情色体验。正如自慰在幻想领域代表了第一次的不忠，它在现实领域也被不忠经历所代表。在精神分析中我们发现，那些由于这些早期的事件（无论是幻想的还是真实的）而保持特别强烈的罪疚感的人，正是出于这一点，以特别的焦虑避免婚姻中的任何不忠——因为这意味着罪疚感的再现。

通常，在强迫性忠诚的人身上再现的正是这种固着的残余，尽管他们有着强烈的一夫多妻愿望。

忠诚可能有一个完全不同的心理基础。这个心理基础可能存在于刚才讨论的同一个人身上，也可能是完全独立的。出于我刚才提到的这样或那样的原因，人们对独占伴侣的要求特别敏感，并且希望伴侣有同样的要求。在意识层面，似乎只有他们自己才能实现自己对他人的要求。在这种情况下，更深层次的原因在于无所不能的幻想。一个人对其他关系的放弃，就像一个神奇的手势，迫使他的伴侣也放弃其他关系。

现在我们已经看到，在一夫一妻制的要求背后是什么动机，以及它与什么力量会发生冲突。用现实生活中的一个比喻来说，我们可以把婚姻中相反的两种冲动称为离心力和向心力。我们应该说，在这里，我们有一场关于实力的较量，对手是势均力敌的。两者的动力都来自俄狄浦斯情结所产生的最基本、最直接的要求。在婚姻生活中，这两种冲动不可避免地会被调动起来——尽管它们的活跃程度并不相同。这有助于我们理解，为什么从来没有，将来也永远不可能找到任何原则来解决婚姻生活中的这些冲突。在个别情况下，虽然我们可以相当清楚地看到是什么动机在起作用，但是只有当我们根据精神分析经验回顾时，我们才能认识到这种或那种行为实际上产生了什么样的结果。

简而言之，我们观察到，仇恨的成分不仅可以在违反一夫一妻制的原则时找到出口，也可以在遵守一夫一妻制的原则时找到出口，并且可以以非常不同的方式发泄出来。仇恨的情绪以这样或那样的形式指向配偶，而且双方都在破坏婚姻生活赖以建立的基础——夫妻之间的柔情依恋。什么才是正确的道路？我们把这个问题留给道德家。

由此获得的智识不会使我们在面对婚姻冲突时完全无能为力。发现助长这些冲突的无意识根源，不仅会削弱一夫一妻制的理想，而且会削弱一夫多妻制的倾向，从而有可能消除这些冲突。我们所获得的智识还能以另一种方式帮助我们。当我们看到两个人在婚姻生活中的冲突时，我们常常不由自主地认为，唯一的解决办法就是让他们分开。我们对婚姻冲突不可避免理解得越深刻，我们就越坚信必须保留自己对这种未经检查的个人印象的态度，我们在现实中控制它们的能力也就越强。

第

五

章

经前期紧张①

① "Die prämenstruellen Verstimmungen," *Zeitschr. f. Psychoanalytische Pädagogik*, Vol. 5, No. 5/6 (1931), pp. 1-7.

我们不难惊讶地发现，月经这个如此显眼的现象，已经成了被焦虑困扰的幻想的起点和焦点。的确如此，因为我们对焦虑与性的联系程度有了更多的认识。我们的经验来自对患者的分析，以及一些令人印象深刻的民族学事实。这种焦虑的幻想是两性都参与的。原始人的禁忌[①]证明了男性对女性的深深恐惧，而这种恐惧恰恰以月经为中心。对女性的分析表明，随着经血的出现，她们身上主动和被动的残忍冲动和幻想被唤醒了。尽管我们对这些幻想及其对产生这些幻想的女性的意义的理解仍然不足，但它已经为我们提供了一个实用的工具。它使我们能够治疗月经带来的各种心理和功能紊乱。值得注意的是，很少有人注意到这样一个事实，即紊乱不仅发生在月经期间，而且在月经开始前的几天里发生得更频繁（尽管不那么明显）。这些紊乱通常是已知的，它们是不同程度的紧张的显现，有人会觉得一切都太多了，有人会觉得无精打采或速度慢了下来，有人会有强烈的自我贬低感，有人则明显感到压抑和严重抑

---

①　在这里，我不想讨论与月经有关的禁忌的起因，我只想提到达利的两篇深刻而富有启发性的论文，《印度教与阉割情结，1927》和《月经情结，1928》（国际精神分析出版社）。（还可参阅达利发表在《精神分析教育学杂志》第5卷第5期的文章。）

郁。这些感觉常常与烦躁或焦虑的感觉交织在一起。人们得到的印象是，这些紊乱通常比真正的月经紊乱更接近于女性的正常体验。它们经常出现在健康的女性身上，通常不会给人一种病理过程的印象。此外，它们很少与心理障碍或转化性歇斯底里有关。

它们显然与对经血的幻想没有什么关系。它们可能确实会转变为实际的月经紊乱，但通常会在出血开始时消退，并伴随一种如释重负的感觉。有些女性每次看到这些紊乱与月经的联系时都会感到惊讶。她们坚持认为，这整个折磨人的噩梦仅仅是生理过程引发的，以此来解释她们在流血时如释重负的感觉。支持这一理论的另一个因素是，这些情况真的与出血及其解释无关，它们在第一次月经之前就经常发生。也就是说，在这个时候，其与预期的出血存在之间甚至都不存在无意识的联系。心理过程类似于生理过程，因为月经不仅仅是出血。

以生理为导向的医生比我们更不关心这些经前期紧张。因为他们知道，整个过程中重要的，甚至可能是最重要的事件发生在出血开始之前。他们更容易满足于一般的观念，即心理紧张受生理条件制约。

简要回顾一下这些事件可能会有所帮助。大约在两个月经周期的中间，卵子在其中一个卵巢中成熟，如果受精已经发生，卵泡破裂，卵子通过输卵管进入子宫。在大约两周的时间里，卵子仍能存

活并为受精做好准备。与此同时破裂的卵膜变成黄体。黄体在功能
上是一个内分泌腺，也就是说，它分泌一种物质，这种物质最近才
被分离出来。它被称为"雌激素"，因为即使在切除卵巢的老鼠身
上，它也能带来一次发情周期。这种雌激素作用于子宫的方式是让
子宫内膜会发生变化，就好像即将怀孕一样。也就是说，整个子宫
内膜变为海绵状，充血，位于其中的腺体则充满了分泌物。如果没
有受精，增厚的子宫内膜会出现脱落，为胚胎生长而储存的物质会
被排出，死掉的卵子被随后的经血冲出来排掉。与此同时，子宫内
膜开始再生。

　　雌激素的功能不因一次作用而枯竭。生殖器的其他部分也会
充血。乳房也是如此。在这种情况下，人们往往可以在月经开始前
注意到腺体组织的实际生长。此外，这种激素还会对血液、新陈代
谢和体温产生明显的影响。鉴于影响的程度，我们可以说，女性
生命中有一个巨大的节律周期，其生物学意义是每月为生育过程做
准备。

　　关于这些生理现象的知识本身并没有给我们提供任何关于经前
期紧张的特定心理内容的信息，但对它们的理解来说，这些知识是
不可或缺的，因为某些心理过程与这些生理现象并行发生，或者是
由它们引起的。

　　这种说法大体上并不新鲜。性欲会随这些生理现象的出现而

增加，这是一个既定的生物学事实。我们在动物身上也能清楚地观察到这种相似的现象。正是出于这种联系，这种激素才被称为雌激素。我们同意哈夫洛克·埃利斯等知名研究人员的观点。他们也认为女性身上有力比多增加的心理过程。因此，女性将面临一个问题：必须掌控内在的力比多紧张。这个问题由于文化的限制而变得难以解决。也就是说，如果存在满足基本本能需要的机会，那么她们将很容易解决这个问题。只有在由于外在或内在因素而没有这种机会的情况下，问题才会难以解决。上述联系在健康女性身上，也就是在性心理发育相对未受干扰的女性身上，也得到了证实。她们的月经紊乱在爱情生活圆满的时期完全消失，而在出现外部挫折或感到不满意的时期再次出现。对导致这些紧张出现的机制的观察表明，我们在这里讨论的女性由于某种原因不能很好地接受挫折，她们对挫折的反应是愤怒[①]，但不能将这种愤怒外化，因此她们把这种愤怒转向自己。

更严重的症状和更复杂的机制出现在那些因情绪压抑而不满的女性身上。在这里，我们得到的印象是，尽管会损失一些活力，但是她们可能仍然能够维持一种不够稳定的平衡。然而，当力比多增加时，这种平衡就无法保持了。于是，退行现象——在每个人身上表现不同——就出现了，表现为婴儿反应的再现。

---

① 这种反应的形式在对所涉及过程的一般澄清中是无关紧要的。

这些看法得到了临床观察的支持，几乎没有争议。然而，因为经前期紧张，尤其是轻微的紧张经常发生，但并不像我们想象的那么频繁，我们不得不问自己，是否存在限制这种因果关系的条件。我们甚至不能在每一种神经症中都发现它们。为了回答这一问题，我们现在必须在神经症中，将生殖器力比多的积累与经前期紧张联系起来。这也许会使个体状况的某些方面变得更容易理解。我们必须重复这个问题：力比多的增加本身真的是这一时期出现的紧张的具体动因吗？

实际上，我们只考虑了心理事件的部分方面的影响，而忽略了另一个由生物学决定的部分的影响。让我们记住，力比多的增加在生物学意义上是在为受孕做准备。

因此，我们必须问的是，女性是否在无意识中能够感受到这些过程？怀孕的生理准备是否会以这种方式在精神生活中表现出来？

让我们回顾一下我们的经验。我自己的观察肯定支持这种可能性。一位患者T报告说，在月经前，她的梦总是感性的、红色的，她觉得好像受到某种邪恶和罪恶的压力，她的身体感到沉重而充实。在月经来后，她会立刻有一种如释重负的感觉。她常常以为自己怀孕了。我从她的生活史中了解到一些细节：她是老大，有两个妹妹；母亲霸道，爱吵架；父亲以一种充满侠义的柔情对患者尽心尽力。在一起旅行时，父亲和她常常被当作一对夫妻。十八岁那年，她嫁给了一个比她大三十岁的男人，这个男人在性格和外貌上都和她父亲很像。她和这个男人幸福地生活了几年，没有发生任何性关系。在那段时间里，她对孩子有着强烈的情感厌恶。后来，随着她对自己的婚姻和生活状况逐渐不满，她对孩子的态度也发生了变化。后来她决定要有一份事业，她在做幼儿园老师和助产士之间摇摆不定，最后选择了前者。在她多年的教师生涯中，她对孩子有一种特别慈爱的感情。后来，她对自己的职业产生了反感。她开始体会到，这些孩子不是她的，只是别人的孩子。她一直排斥性，仅有一段短暂的时期除外。在这段时间里，她没有怀上孩子，而是患上了子宫肌瘤，不得不接受子宫切除术。似乎只有在她想要孩子的愿望无法实现之后，她的性欲才显现出来。我希望这段极其不完整的描述足够表明：在这种情况下，被压抑得最深的是她想要一个孩子的愿望。她的神经症结构显示出强烈的母性和孩子气的一面。总的来说，这是对同一个中心问题的阐述。

在这种情况下，是什么加强了她想要孩子的愿望，并导致了这种强烈的压抑？我不想深入探讨这个问题。隐晦的证据可能足以表明，在这里，就像在其他类似本质的情况下一样，对孩子的愿望由于与破坏性冲动的旧联系而过度地受到焦虑或罪疚感的影响。

这种压抑如果是极端的，就会导致女性彻底拒绝要孩子的愿望。经前期紧张在这些案例中的出现与神经症结构不无关系。在这些案例中，人们可以相对肯定地假设女性对孩子有特别强烈的愿望，但因为强烈的防御存在，这种愿望很难实现。这使我们得出这样的假设：在个体准备怀孕的时候，被压抑的想要孩子的愿望连同反贯注（counter-cathexes）一起被激活，导致精神平衡受到干扰。揭示这种冲突的梦在月经前的一段时间里以惊人的频率出现。然而，需要更精确的测试来检查这种梦与（以某种形式）处理母性问题的梦在时间上的巧合。例如，一个患者经常出现经前期紧张，想要孩子的愿望非常强烈，但她的焦虑源于她对这种愿望可能在所有阶段实现的恐惧，从对性行为的恐惧开始（包括对婴儿的照顾）。同样，这种紧张也发生在另一个女人身上，她害怕在分娩过程中死亡，这导致她对孩子的强烈愿望不可能实现。

　　在我看来，在那些想要孩子的愿望充满冲突的案例中，经前期紧张状态的发展不那么规律。尽管如此，怀孕和分娩还是发生了。在这里，我想到了一些女性。对她们来说，母性显然在她们的生活中占有至关重要的地位。在她们身上，相关的无意识冲突以这样或那样的形式表现出来，比如孕吐，宫缩无力，或者对孩子过度保护。

　　在这里，我可以总结一下我的印象，但必须非常谨慎。显然，这些紧张可能发生在这样的案例中：想要孩子的愿望因实际经历而增强，但出于某种原因，真正的实现变得不可能了。力比多紧张的增加并不是唯一的原因，这一事实对我来说是显而易见的。这是我通过观察一个母性得到强烈发展但充满冲突的女人而得到的。她遭受了特别令人不安的经前期紧张——尽管当时她与男人的性关系通常是满意的。然而，出于某种原因，她想要孩子的愿望是不可能实现的，而这个愿望在当时尤其强烈。在经前期前，她的乳房会变大。在她生命的这个阶段，她经常会讨论生孩子的问题，有时会假意考虑避孕措施及其效果和可能的危害。

还有另一种现象——我还没有深入探讨——表明，一般来说，力比多的增加确实会在一定程度上造成经前期紧张，但它并不是具体的因素。我指的是月经来潮时明显的缓解。由于力比多在整个月经期间都在持续增加，所以紧张的突然下降不能从这个角度来理解。然而，出血终止了对怀孕的幻想，就像患者T的情况那样，"现在孩子终于有了"。个体的心理过程可能大不相同。在上述某个案例中，牺牲的观念是很突出的。在经期开始的时候，这个女人会想"上帝已经接受了我的献祭"。同样，以不同的方式，紧张的缓解有时可能依赖流血幻想的无意识实现，或者依赖超我的放松（因为被强烈拒绝的幻想现在已经结束了）。重要的事实是，这些幻想随着月经的开始而停止。

简而言之，在这些印象中，我产生了一个假设，即经前期紧张是由准备怀孕的生理过程直接释放的。到目前为止，我已经非常确定这种联系，以至于我在这种紊乱中，能够在疾病和人格的核心发现涉及要孩子的愿望的冲突。而且我相信我的这种预期从来没有错过。

我想再一次指出这种观念与妇科医生的观念之间的界限。我们不是在处理一个基本的弱点——一个导向女性效率较低的结论的条件。我更倾向于认为，女性生理周期中的这一特殊时期，只对那些母性观念充满巨大内心冲突的女性来说，是一种负担。

不过，我比弗洛伊德更加相信，母性对女性来说是一个重要问题。弗洛伊德反复强调，想要孩子的愿望"绝对属于自我心理学"[①]的东西，因为对缺少阴茎的失望[②]，它的存在只是次要的，不是一种初级本能。

相比之下，我觉得，想要孩子的愿望确实可能在想要阴茎的愿望——这种愿望是初级的，深深扎根于生物领域——中得到相当大的次级强化。似乎只有在这个基本概念的基础上才能理解关于经前期紧张的观察。事实上，我的观点是，正是这些观察表明，想要一个孩子的愿望满足了弗洛伊德自己为"驱力"所假定的所有条

---

① Sigmund Freud, "On the Transformation of Instincts with Special Reference to Anal Erotism," *Collected Papers*, Vol. II. pp. 164-171.

② Sigmund Freud, "Some Psychological Consequences of the Anatomical Differences Between the Sexes," *Collected Papers*, Vol. V, 1956, pp. 175-180.

件。因此，母性的驱力说明了"持续流动的身体内部刺激的心理表征"①。

---

① Freud, "Three Papers on the Theory of Sex," *Collected Papers*, Vol. V.

第六章

两性之间的不信任[1]

———

① 1930年11月20日在柏林－勃兰登堡德国妇女医学协会分会的会议上宣读，发表于《女医生》，第7卷，1931年，第5-12页。

我在这里要跟大家谈谈两性关系中的一些问题，希望大家不要失望。我不想主要讨论对医生来说最重要的那些问题。只有在最后，我才会简单地讨论一下治疗问题。我更关心的是向你们指出造成两性之间不信任的几个心理原因。

男女之间的关系与孩子和父母之间的关系非常相似，因为我们更倾向于关注这些关系的积极方面。我们更愿意假设爱是基本的因素，敌意是偶然的、可以避免的因素。虽然我们对"两性之间的战争""两性之间的敌意"这样的口号很熟悉，但我们必须承认，它们的意义并不大。它们让我们过度关注男女之间的性关系，这很容易让我们产生过于片面的看法。实际上，从我们对众多案例的回顾中，我们可以得出这样的结论：爱情关系很容易被公开或隐蔽的敌意所破坏。我们很容易把这些关系出现问题归咎于个人的不幸、双方的不和、社会或经济的原因。

我们发现造成男女关系不佳的个人因素，可能是相关的因素。然而，由于爱情关系中经常出现，或者更好地说，是经常发生的，我们不得不问自己，个别案例中的干扰是否可能不是来自一个常见的背景？这种容易且频繁引发的两性猜忌是否有一个决定因素？

试图在一个简短的演讲大纲中对这么大的领域进行全面的调查，几乎是不可能的。因此，我甚至不会提及像婚姻这样的社会制度的起源和影响。我只打算随意地选择一些在心理学上可以理解的因素，这些因素与两性之间的敌意和紧张关系的原因和影响有关。

我想从非常平常的事情开始。也就是说，这种猜疑的气氛在很大程度上是可以理解的，甚至是合理的。这显然与伴侣个人无关，而是与情感的强度和驯服它们的难度有关。

我们知道或者可能隐约感觉到，这些情感会导致狂喜，使人与自己为伴，使人降服自我——这意味着向无限和无边的跳跃。这也许就是真正的激情如此罕见的原因。就像一个好的商人一样，我们不愿意把所有的鸡蛋放在一个篮子里。我们倾向于保守一点，随时准备撤退。尽管如此，但是出于自我保护的本能，我们有一种天生的恐惧，害怕在另一个人身上迷失自我。这就是为什么发生在爱情中的事情，也会在教育和精神分析中发生。每个人都认为自己对它们了如指掌，其实很少有人能做到。人们往往会忽略自己付出太少，却认为伴侣是这样，产生那种"你从来没有真正爱过我"的感觉。一个因为丈夫没有给她全部的爱、时间和兴趣而怀有自杀念头的妻子，不会注意到她自己的敌意、隐藏的报复和攻击性有多少是通过她的态度表达出来的。她只会因为自己丰富的"爱"而感到绝望。与此同时，她会强烈地感受到，也清楚地看到伴侣身上没有爱。就连斯特林堡（他是一个厌恶女性的人）偶尔也会辩解说，他不憎恨女人，而是女人憎恨和折磨他。

在这里，我们处理的根本不是病态现象。在病态的案例中，我们只看到一种普遍而正常的现象——扭曲和夸张。任何人，在一定程度上，都会倾向于忽视自己敌对的冲动，但在自己充满内疚的良心的压力下，可能会把它们投射到伴侣身上。这个过程必然会对伴侣的爱、忠诚、真诚或善良产生不信任。根据我们自己的经验，我们更熟悉不信任的感觉。这就是为什么我们更愿意谈论两性之间的不信任，而不是仇恨。

在我们正常的爱情生活中，失望和不信任的另一个几乎不可避免的来源是，我们强烈的爱的感觉激起了我们内心深处对幸福的秘密渴望。我们所有无意识的愿望在本质上是矛盾的，向四面八方无限扩展，都在这里等待着实现。伴侣应该是坚强的，同时是无助的，既要支配我们，又要被我们支配，既要理性，又要感性。他们应该强奸我们，同时保持温柔，留出时间专门陪伴我们，同时要有时间参与创造性的工作。只要我们假设他们真的能满足所有这些期望，我们会在性方面高估他们。我们用这种高估的程度来衡量我们的爱，而实际上它仅仅表达了我们期望的程度。要求的本质决定了我们不可能实现这些要求。失望——我们可以或多或少有效地应付这些失望——的根源就在这里。在有利的情况下，我们甚至没有意识到我们有多少失望，正如我们没有意识到我们秘密的期望有多大一样。然而，我们心中仍然存在着不信任的痕迹，就像一个孩子发现他的父亲终究不能为他从天上摘到星星一样。

我们的思考当然既不是新的，也不是经过专门分析得出的，在过去已经得到了更好的表述。相关的精神分析从这样一个问题开始：人类发展中有哪些特殊因素导致了期望与实现之间的差异，又是什么原因使它们在特定情况下具有特殊意义？让我们从一个一般的想法开始。人类和动物的发育有一个基本的区别，那就是人类婴儿更长时间处于无助和依赖状态。童年的乐园，往往是成年人用来欺骗自己的幻觉。然而，对孩子来说，这个乐园里住着太多危险的怪物。与异性的不愉快经历似乎是不可避免的。我们可以回想一下，儿童即使在很小的时候，也具有强烈的本能性欲，这与成年人的情况相似而不同。儿童与成人在这方面的不同之处在于他们驱力的目的，但最重要的是，在于他们的要求的原始完整性。他们发现很难直接表达自己的愿望，即使他们表达了，也没有人认真对待。他们的严肃有时被认为是可爱的，或者他们可能被忽视或拒绝。总之，儿童会有被拒绝、被背叛、被欺骗等痛苦而屈辱的经历。他们可能不得不让位于父母或同胞。当他们通过玩自己的身体寻求那些被成年人拒绝的快乐时，他们会受到威胁和恐吓。在这一切面前，孩子是相对无力的。他们根本无法发泄自己的愤怒，或者只能在很小的程度上发泄。他们无法掌握这种经历。因此，愤怒和攻击性被压抑，以幻想的形式存在，这些幻想几乎不为意识所知。从成年人的角度来看，这些幻想充满罪恶，范围从武力夺取和偷窃，到杀戮、焚烧、切割成碎片和窒息。由于孩子模糊地意识到自己体内的这些破坏性力量，根据以牙还牙法则，他们感受到来自成年人的威胁。这就是婴儿期焦虑的起源。没有一个孩子是完全没有这种焦虑的。这使我们能够更好地理解我前面所说的对爱的恐惧。就在这里，在这个最不理性的领域，童年时期对威胁我们的父亲或母亲的恐惧被重新唤醒，使我们本能地采取防御措施。换句话说，对爱的恐惧将永远与我们可能对另一个人做什么，或者另一个人可能对我们做什么的恐惧混合在一起。例如，阿鲁群岛的人永远不会把一绺头发作为礼物送给他们心爱的人，因为一旦发生争吵，心爱的人可能会丢掉它，从而导致他们本人生病。

　　我想简要地描述一下童年时期的冲突是如何影响以后与异性的关系的。让我们以一个典型的情况为例：在一个小女孩由于对父亲的巨大失望而受到严重伤害时，她会把从父亲那里得到的本能愿望转变为一种用武力从他那里夺走的报复性愿望。这样就为后来出现的态度奠定了基础。根据这种态度，她会否认自己的母性本能，并且只有一种驱力，即伤害男性，剥削他，把他榨干。她已经变成了一个吸血鬼。让我们假设有一个类似的转变——从接受的愿望到夺走的愿望。让我们进一步假设后一种愿望由于焦虑——自内疚的良心而来——而被压抑，那么，我们这里就有了关于某种类型的女性的基本描写：这种女性无法与男性建立联系，因为她们害怕男性会怀疑自己想从他们那里得到什么。这实际上意味着她们害怕他们会猜出自己被压抑的欲望。或者，她们将自己被压抑的愿望怨愤地投射到他们身上。她们会想象每个男人都只是想利用自己，他们只想从自己身上得到性满足，紧接着就会抛弃自己。或者让我们假设，一种过度谦虚的反应形成将掩盖被压抑的权力欲望。于是我们就有了这样一种女人的图像：她们避免对丈夫提出任何要求或接受丈夫的任何东西。然而，这样的女人，由于压抑的回归，当她们未表达的、未制定的愿望没有实现时，她们会产生抑郁的反应。她们会不知不觉地从煎锅跳进火坑。她们的伴侣也是如此，因为抑郁对他们的打击比直接的攻击要大得多。很多时候，抑制对男性的攻击会耗尽她们所有的精力。于是，女人在面对生活时感到无助。她们会把自己感到无助的责任全部推到男人身上，夺走他们生命的气息。这里你看到的是这样一种女人，她们打着无助和孩子气的幌子，支配着她们的伴侣。

这些例子说明了女人对男人的基本态度是如何受到童年冲突的困扰。为了简化问题，我只强调了母性发展中的干扰，但对我来说，这一点似乎是至关重要的。

现在我将继续探讨男性心理学的某些特征。我不希望追踪个人的发展轨迹。从精神分析角度观察一下可能会很有启发意义，例如，为什么即使是那些有意识地与女人保持非常积极的关系并高度尊重她们作为人类的男人，在他们内心深处也隐藏着一种对她们的不信任？这种不信任是如何与他们对母亲的感情——在他们生命的早期就体验过——联系起来的？我将集中讨论男人对女人的某些典型态度，以及这些态度在不同的历史时期和不同的文化中是如何出现的，不仅从与女人的性关系方面，而且从与性无关的方面，例如从他们对女人的总体评价方面。

我将随机选择一些例子，从亚当和夏娃开始。《旧约》中记载的犹太文化，是直言不讳的宗法文化。这一事实反映在他们的宗教中。他们的宗教中没有母神。在他们的道德和习俗中，犹太人允许丈夫仅仅通过解雇妻子来解除婚姻关系。只有意识到这一背景，我们才能认识到亚当和夏娃故事中的男性偏见。在亚当和夏娃的故事中，女人的生育能力部分被否定，部分被贬低。夏娃是由亚当的肋骨造的，她被诅咒要在悲伤中生育。通过将她诱惑亚当吃知识树的果子解释为性诱惑，女人成为使男人陷入痛苦的性诱惑者。我认为，故事中的两种元素——一种是出于怨恨，一种是出于焦虑，从最早的时代到现在，都破坏了两性之间的关系。男人对女人的恐惧深深植根于性，一个简单的事实——他们只害怕性感的女人，尽管他们强烈地渴望她们，却不得不把她们束缚起来——就能够说明这一点。年长的女性则受到高度的尊重，即使在年轻女性受到恐吓和压制的文化中也是如此。在一些原始文化中，年长的女性可能在部落事务中有决定性的发言权。在亚洲国家中，年长的女性享有巨大的权力和声望。在原始部落中，女性在性成熟的整个时期都被禁忌所包围。阿伦塔部落的女性能够神奇地影响男性的生殖器。如果她们对着一根草唱歌，然后把它指向一个男人，或者扔向他，他就会生病或完全失去他的生殖器。女人引诱他走向毁灭。在东非的某个部落里，丈夫和妻子不睡在一起，因为她们的呼吸可能会削弱他们。如果一个南非部落的女人爬到一个睡觉的男人的腿上，他将无法奔跑。因此，在狩猎、打仗或捕鱼前的二到五天，他们需要遵守禁欲的一般规则。更大的是对月经、怀孕、分娩的恐惧。月经来潮的女性被广泛的禁忌所包围。比如，男人触摸月经来潮的女性会死。这一切背后有一个基本的想法：女人是一种神秘的存在，可以与灵魂交流，因此拥有可以用来伤害男性的魔力。男人必须通过使女人臣服来保护自己不受她们的力量的伤害。因此，孟加拉国的米里人不允许他们的女人吃老虎的肉，以免她们变得太强壮。东非的瓦塔瓦拉人不告诉他们的女人生火的秘密，以免女人成为他们的统治者。加利福尼亚的印第安人会举行仪式——一个男人化装成魔鬼来恐吓女人——让他们的女人服从。麦加的阿拉伯人不让女性参加宗教庆典，以防止女性与他们的领主之间的亲密关系。我们在中世纪也发现了类似的习俗——圣母崇拜与焚烧女巫并存；对完全剥离了性的纯粹母性的崇拜与残忍毁灭有性诱惑的女人并存。这里隐含潜在的焦虑，因为女巫与魔鬼有沟通。如今，在我们更为人道的侵略行为中，我们只是象征性地焚烧女性，有时带有毫不掩饰的仇恨，有时带着明显的友好。无论如何，"犹太人必须被烧死"。人们说了很多关于女人的美好的事情，但不幸的是，在她们的自然状态下，她们与男人不平等。莫比乌斯指出，女性的大脑比男性的大脑轻，但这一点不必用如此粗暴的方式来表达。相反，女人一点儿也不低男人一等，只是和男人不同。不幸的是，男人如此推崇的那些人性或文化品质，她们很少或根本没有。人们认为女人深深扎根于个人和情感领域；不幸的是，这使她们无法伸张正义和表现客观性，因此，她们失去了在法律领域和政府部门以及精神社区担任职务的资格。女人被认为只有在爱神的领域里才应对自如。精神相关的事情与她们的内在格格不入。她们与文化潮流格格不入。因此，正如亚洲人从不避讳地坦言，她们是次等人。女人也许勤劳、有用，但是无力从事富有成效和独立的工作。事实上，月经和分娩的血腥悲剧阻碍了她们取得真正的成就。因此，每个西方社会的男人都默默地感谢上帝——就像虔诚的犹太人在祈祷中所做的那样——没有把他造成女人。

男人对母性的态度，是一个又大又复杂的篇章。人们通常倾向于认为这方面没有问题。即使是厌恶女性的人显然也愿意尊重女性的母亲身份，并在某些条件下崇拜她们的母性，正如上面提到的圣母崇拜现象。为了获得更清晰的画面，我们必须区分两种态度：男性对母能（motherliness）的态度——在圣母崇拜中表现得最纯粹；他们对母性（motherhood）的态度，正如我们在古代大母神的象征中看到的那种态度。男人永远都会赞成母性，这表现在他们对女性的某些精神品质——养育、无私、自我牺牲——的欣赏中，因为母亲是能满足他们一切期望和渴望的女人的理想化身。在古代的大母神身上，男人并不是在精神上崇拜母性，而是在基本的意义上崇拜母性。母神是世俗的女神，像土壤一样肥沃。她们带来新的生命，并且哺育它。正是女人这种创造生命的自然力量，使男人赞叹不已。这正是问题出现的地方。对自己不具备的能力一味欣赏而不怨恨，是违背人性的。因此，男人在创造新生命中的微小贡献，对他们来说，成了一种创造新事物的巨大刺激。他们创造了自己完全可以引以为傲的价值。国家、宗教、艺术和科学本质上都是男人的创造，我们的整个文化都带有男性的印记。

即使是产生于升华的最大满足或成就，也不能完全弥补我们天生的缺憾。因此，男性对女性的普遍怨恨明显地遗留了下来。这种怨恨在我们这个时代表现为：男性对女性入侵其领地的威胁采取不信任的防御态度；他们倾向于贬低怀孕和分娩，而过度强调男性的生殖器。这种态度不仅在科学理论中表现出来，而且对两性关系以及性道德产生了深远的影响。母性，尤其是不被承认的母性，受到法律的保护是非常不够的。只有一个例外，那就是最近在俄罗斯进行的一次尝试。相反，男性的性需求有充足的机会得到满足。强调不负责任的性放纵，把女性贬低为满足纯粹生理需求的对象，是这种男性化态度的进一步后果。

从巴霍芬的研究中我们知道，这种男性文化至上的状态最早并不存在，女性曾经占据过中心地位。那是一个母系社会的时代，法律和习俗都以母亲为中心。正如索福克勒斯在《欧门尼德斯》中所写的那样，杀母在当时是不可饶恕的罪行，相比之下，杀父则是一种轻微的罪行。只有到了有记载的历史时代，男性才开始在政治、经济、司法以及性道德领域发挥主导作用。目前，我们似乎正在经历一个时期。在这个时期，女性再次敢于为自己的平等而战。这个时期会持续多久我们还无法确定。

我不想因暗示所有的灾难都是男性至上的结果而被误解。如果女性的地位得到提升，两性之间的关系就会得到改善。然而，我们必须问问自己，为什么两性之间一定要有任何权力斗争。在任何时候，实力较强的一方都会创造出一种适合的意识形态，以维持自己的地位，并使这种地位为实力较弱的一方所接受。在这种意识形态中，弱者和强者的不同之处将被认为是劣等的，并被证明是不可改变的、基本的或是出于上帝意志的。否认或隐瞒斗争的存在，就是这种意识形态的功能。这是最初提出的问题——为什么我们对两性之间存在斗争这一事实的认识如此之少——的答案之一。掩盖事实是为了男人的利益，他们对自己意识形态的强调，也使得女性接受了这种意识形态。试图解决这些被合理化的问题，并审视这些意识形态的基本驱力，仅仅是刚刚走上了弗洛伊德走过的道路。

我相信我的阐述清楚地说明怨恨的起源，而不是恐惧的起源。我想简要地讨论后一个问题。我们已经看到，男性对女性的恐惧是直接针对她们作为性客体的部分的。这该如何理解呢？这种恐惧最清晰的一面是由阿伦塔部落揭示的。他们相信女人拥有影响男性生殖器的神奇力量。这就是我们在精神分析中所说的阉割焦虑。它是一种源于心理的焦虑，可以追溯到罪疚感和童年产生的恐惧。它的生理-心理学核心在于这样一个事实：在性交过程中，男性必须把他们的生殖器置入女性的身体，把自己的精液注入女性的身体，并把这解释为把生命的力量交给女性，就像把他们在性交后勃起的消退作为被女人削弱的证据一样。虽然下面的观点还没有得到彻底的研究，但根据精神分析和民族学的数据，极有可能与母亲的关系比与父亲的关系，更强烈、更直接地与对死亡的恐惧联系在一起。我们已经学会了把对死亡的渴望理解为对与母亲团聚的渴望。在非洲的童话故事中，把死亡带到人间的是一个女人。伟大的母神带来了死亡和毁灭，给予生命的人也有能力夺走生命，我们似乎被这样一种观念所控制。男性对女性的恐惧还有第三个方面，这个方面更难理解和证明，但可以通过观察动物世界中某些反复出现的现象来证明。我们可以看到，雄性经常配备某些特定的刺激物来吸引雌性，或者在性结合时使用特定的装置来抓住雌性。如果雌性动物和雄性动物有同样迫切或丰富的性需求，这种安排就难以理解了。事实上，我们看到雌性动物在受精后会拒绝雄性动物。虽然取自动物世界的例子可能只能极其谨慎地被用来说明人类的情况，但在这种情况下，提出以下问题是允许的：因为女性的部分性能量与生殖过程有关，男性对女性的性依赖程度是否可能高于女性对男性的依赖程度？男性是否有可能对保持女性对他们的依赖有着浓厚的兴趣？只要它们具有心理成因的性质，与男性有关，这些似乎是男女之间权力斗争的根源。

爱情成功地架起了一座桥梁，把孤独的男性与孤独的女性连接起来。这些桥梁可以是非常美丽的，但它们很少是永恒的，而且它们常常不能承受太大的负担。关于最初提出的"为什么我们会更清楚地看到两性之间的爱而不是仇恨"这个问题，这里有另一个答案：因为两性的结合为我们提供了最大的幸福可能性。因此，我们倾向于忽视那些不断阻碍我们获得幸福的破坏性力量是多么强大。

最后，我们可能会问，精神分析的见解如何有助于减少两性之间的不信任。这个问题没有统一的答案。恐惧情感力量，在爱情关系中难以控制它们，由此产生臣服与自保、我与你之间的冲突，是完全可以理解的，是无法缓解的，可以说是一种正常现象。同样的道理在本质上也适用于我们的不信任预期，这种不信任源于童年时期未解决的冲突。然而，这些童年时期的冲突在强度上可能差别很大，并且会留下不同深度的痕迹。精神分析不仅可以帮助个体改善与异性的关系，还可以改善童年的心理状况，预防过度的冲突出现。这当然是我们对未来的希望。在重大的权力斗争中，精神分析可以通过揭示这场斗争的真正动机履行一项重要职能。这种揭示无法消除斗争的动机，但可能有助于为在斗争立场上进行斗争，而不是将斗争降为外围问题创造更好的机会。

第
七
章

婚姻问题①

———————

① "Zur Problematik der Ehe," *Psychoanalytische Bewegung*, IV (1932), pp.
212-223.

为什么那些不会扼杀双方发展潜力的婚姻，那些紧张的潜流不会在家庭中产生影响的婚姻，那些紧张的潜流如此湍急而导致善意的冷漠的婚姻如此罕见？难道婚姻制度不能与人类存在的某些事实相调和吗？也许婚姻只是一种即将消失的幻觉？还是说现代人尤其没有能力赋予它实质？当我们谴责婚姻的时候，我们是在承认婚姻的失败，还是在承认自己的失败？为什么婚姻常常是爱情的坟墓？我们是否必须屈服于这种情况，仿佛它是不可避免的规律？或者我们是否受制于我们内心的力量——这些力量在内容和影响上都是可变的，也许是可以识别的，甚至是可以避免的，却在毁灭我们？

　　从表面上看，这个问题似乎很简单，也很无望。与同一个人长期生活通常会造成关系破裂，尤其是性关系令人厌倦和无聊。因此，关系的逐渐淡漠和冷却据说是不可避免的。范·德·维尔德在一整本书里给了我们关于如何改变性不满足状态的友善建议。然而他忽略了一件事：他处理的是一种症状，而不是疾病本身。认为婚姻因为岁月的单调、乏味而失去了灵魂和光彩，这只是一种肤浅的看法。

　　察觉在暗中起作用的力量其实并不难，却让人不舒服，就像每一次看向深处一样。

无须学习弗洛伊德的思想，我们就可以认识到婚姻空虚不是简单的疲劳导致的，而是隐藏的破坏性力量——秘密地起作用并破坏了它的基础——的结果。它们只不过是在失望、不信任、敌意和仇恨的肥沃土壤上发芽的种子。我们不愿意认识到这些破坏性力量，尤其是针对我们自己的，因为它们对我们来说是神秘的。承认这些力量的存在，就意味着我们必须对自己提出苛刻的要求。然而，如果我们真的希望从心理学的角度来研究婚姻问题，我们就必须寻求并加深这种认识。基本的心理学问题是"对婚姻伴侣的厌恶是如何产生的"。

首先，有几个答案司空见惯而无须提及。它们源于我们人类的局限性，我们知道我们都有这些局限性——不管我们是赞同《圣经》的观点，认为我们都是罪人，还是赞同马克·吐温的观点，认为我们都有部分精神失常，或者用一种更开明的方式，把这种局限性称为神经症。所有这些假设都只承认一个例外：我们自己。有谁听过正在考虑结婚与否的人说"从长远来看，我会养成这样或那样令人不快的性格"？在长期的亲密生活中，缺点——当然是配偶方面的缺点——不可避免地会暴露出来。它们就像引发了一场小规模的雪崩。当它沿着时间的山坡滚下，雪崩持续扩大。如果一个丈夫执着于自己独立的幻想，他就会因自己被妻子需要和束缚暗自叫苦。反过来，妻子在察觉到他被压抑的叛逆时，就会做出隐秘的焦虑反应，以免失去他。出于这种焦虑，她本能地增加了对他的需求。丈夫对此的反应是高度敏感和防御。直到最后堤坝决堤，双方都没有理解对方隐秘的怒气。双方可能因一件无关紧要的事情而情绪爆发。与婚姻相比，任何短暂的关系，无论是建立在买卖、友谊还是外遇的基础上，在本质上都更简单，因为在这类关系中，个体相对容易避免摩擦伴侣的锋芒。

此外，人类的一般缺陷还包括我们不喜欢在非绝对必要的情况下努力。在美国，从事终身工作的公务员通常不会付出最大的努力。不管怎么说，他们的工作是安全的，他们不需要像专业人士，甚至劳动者那样为事业而竞争和奋斗。让我们来看看婚姻契约的特权。按照现行的标准，这些特权要么被法律认可，要么不被法律认可。我们可以很容易地看到，从心理学的角度来看，赡养权、终身陪伴权、忠贞权，甚至性合作权，给婚姻带来了巨大的负担，使它与不能被解雇的公务员的情况有了致命的相似之处。关于婚姻的教育是如此之少，以至于我们大多数人甚至不知道，虽然我们可能被赐予陷入爱河的礼物，但我们必须一步一步地建立一个美好的婚姻。目前，只有一种已知的方法可以弥合法律与幸福之间的鸿沟。它包括改变我们的个人态度，从内心放弃对伴侣的要求。（请理解，我指的是要求，而不是愿望。）除了这些普遍的困难之外，还会有更多的个人困难，这些困难在不同的人身上表现是不同的，在发生的频率和程度上都有所不同。有一系列永远存在的陷阱，爱被这些陷阱所干扰，恨便由此而生。列举和描述这些陷阱是无济于事的，也许集中注意描绘几大类陷阱会更简单、清楚。

如果我们没有选择"正确"的伴侣，婚姻可能从一开始就不顺。在选择一个与我们共度一生的人时，我们往往会选择一个不合适的伴侣，我们如何理解这个事实？这到底是怎么回事呢？是缺乏对自身需求的认识吗？还是对对方缺乏了解，在恋爱的影响下暂时变得盲目？当然，所有这些因素都可能起作用。然而，在我看来有必要记住，总的来说，自愿结婚的选择可能并不完全是"错误的"。也许伴侣身上的某种品质确实符合我们的一些期望。他们身上的某种东西让我们相信我们内心的某种渴望真的可以得到满足。也许在婚姻中确实如此。然而，如果自我的其他部分与伴侣几乎没有共同之处，这种陌生感将不可避免地给一段持久的关系带来困扰。因此，这种选择的根本错误在于，它是为了满足一个孤立的条件而做出的。冲动、愿望强势地出现在前景，盖过了其他一切。例如，对一个男人来说，想要把一个被许多其他男人追求的女孩归为己有，这可能是一种无法抗拒的冲动。对于爱情来说，这是一种特别不幸的情况，因为女人的吸引力一定会随着对手的消失而消退。只有当男人无意识地寻找新的对手时，这种吸引力才会重新出现。

一个伴侣可能会令人向往，因为他或她可能会承诺满足我们为得到认可——无论是在经济、社会还是精神层面——而进行的所有秘密努力。在另一种情况下，仍然强烈的婴儿期愿望可能会决定我们的婚姻选择。我在这里想到一个年轻人，他天赋异禀，事业有成，在四岁时失去了自己的母亲，对母亲有着特别深切的渴望。他娶了一个上了年纪的、胖胖的、慈母般的寡妇，她有两个孩子，智商和性格都远不如他。再比如有一个女人，她17岁就嫁给了一个比她大30岁的男人，这个男人在生理和心理上都和她深爱的父亲明显相像。尽管完全没有性关系，但是这个男人还是让她快乐了好几年，直到她长大了，不再有孩子般的渴望。然后她意识到她实际上是孤独的，和一个对她来说意义不大（尽管他有许多可爱的品质）的男人绑在一起。在这些情况下，我们内心有太多的空虚和不满足。紧随最初的不满足出现的是失望。失望不等于厌恶，但它确实构成了厌恶的一个来源，除非我们拥有极其罕见的接受一切的罕见天赋，并且不觉得在有限的基础上的关系会阻碍寻找幸福的其他可能性。不管我们有多文明，不管我们对自己的本能生活控制得有多好，在内心深处，我们会产生一种日益增长的愤怒，针对任何阻碍实现至关重要的目标的人或权力，这是符合人类本性的。这种愤怒可能会在我们没有意识到的情况下悄然而至。即使我们可能不顾它的后果，它也可能会非常活跃。对方会感觉到我们变得对其更挑剔，更缺乏耐心，或者更不在意。

我想再讨论一个群体。在这个群体中，存在的危险与其说是由于我们对爱的要求越来越严格，不如说是由于相互矛盾的期望所引起的冲突。我们通常会觉得自己的努力比实际情况更加一致，因为我们本能地感觉到（并非没有理由）我们的内在矛盾对我们的人格或生活构成了威胁。这些矛盾在那些情感平衡被打破的人身上表现得更为明显，但划出一条明确的分界线似乎并不重要。这种内在矛盾在性的领域中表现得最容易、最强烈。在生活的其他领域，比如在工作和人际关系中，外在的现实迫使我们采取更加一致、更具适应性的态度。就连那些通常循规蹈矩的人也容易受到诱惑，让性充当他们相互矛盾的期望的游乐场。很自然，这些不同的期望也会被带入婚姻。

我想起了一个案例，它可以看作许多类似案例的原型。一个温柔、依赖别人、有点娘娘腔的男人婆了一个在活力和能力上都比他强得多的女人，她是母性的典型代表。这是一场真真切切的爱情配对。然而，这个男人的欲望（在男性中很常见）是矛盾的。他被一个随和、轻浮、苛求的女人所吸引，她代表了第一个女人给不了他的一切。正是他自己愿望中的这种矛盾，毁了他的婚姻。

这里我们也可以提一下另一类人，他们虽然与自己的家庭关系密切，却选择了与自己的种族背景、外表、兴趣和社会地位完全相反的妻子。与此同时，这类人排斥这些差异，在不知不觉中，很快就开始寻找他们更熟悉的类型。

我想到有一类女性，她们有雄心壮志，总想出人头地，但不敢去实现这种雄心勃勃的梦想，反而期望丈夫为她们实现愿望。在她们心中，丈夫应该有成就，有名气，比所有人都优秀，受人仰慕。当然，也有一些女人会因为丈夫满足了她们所有的期望而感到满意。然而，在这样的婚姻中，妻子不会允许丈夫满足她们的期望，因为她们自己对权力的渴望不允许丈夫比她们厉害。

还有女性会选择一个女性化的、细腻的、软弱的丈夫。这种情况经常发生，促使她们这么做的是自己的阳刚之气——尽管她们常常没有意识到这一事实。然而，她们也渴望有一个强壮、野蛮的男性用武力征服她们。她们会因为丈夫无法满足这两种期望而反对丈夫，并会暗地里鄙视丈夫的软弱。

这种内在冲突可能会以各种方式导致对伴侣的厌恶。我们可能会因为丈夫不能给我们最重要的东西而反对他们，同时把他们真正的天赋视为理所当然，认为它毫无意义。一直以来，无法得到的东西都变成了一个迷人的目标，我们可能会认为自己从一开始就"真正"渴望得到它。我们甚至可能因为他们确实实现了我们的愿望而反对他们，因为事实证明，这种愿望的满足与我们相互矛盾的内在挣扎是不相容的。

　　到目前为止，在所有这些思考中，有一个事实仍然处于背景中，即婚姻也是两个异性个体之间的性关系。如果一种性别与另一种性别的关系已经受到干扰，仇恨的深层根源可能就来自这一事实。婚姻中的许多不幸，看起来都是一场只围绕着某一方的冲突。因此，我们很容易深信，如果我们选择了另一个伴侣，这些不幸就不会发生在我们身上。我们往往忽略了这样一个事实，即决定性的因素很可能是我们自己对异性的内在态度，这种态度可能以类似的方式表现在我们与任何其他伴侣的关系中。换句话说，大多数在婚姻中出现的不幸是我们自身的发展带来的。两性之间的斗争不仅为几千年的历史事件提供了宏大的背景，它也成为特定婚姻内的斗争的背景。男女之间隐秘的不信任（以这样或那样的形式，我们经常能发现）通常不源于我们生命后期的不愉快经历。虽然我们这样认为，但这种不信任源于童年早期。后来的经历，如发生在青春期的经历，通常受到童年早期产生的态度的制约（尽管我们没有意识到这种联系）。

　　为了更好地理解，我再补充几句。爱和激情并非首先出现在青春期，而是首先出现在小孩子已经有能力充满激情地去感受、渴望和要求的时期，这是我们从弗洛伊德那里得到的最基本的见解之一。由于小孩子的内心尚未破碎和受到压抑，他们可能能够以与我们成年人完全不同的强度体验这些感受。如果我们接受这些基本事实，并进一步接受我们就像所有动物一样，都受制于异性吸引的伟大法则，那么弗洛伊德关于俄狄浦斯情结的有争议的假设——作为每个孩子都必须经历的一个发展阶段，对我们来说就不那么奇怪了。

在这些早期的爱的经历中，孩子通常会经历挫折，感到失望、被拒绝、无助、嫉妒。同时，他们会有被欺骗、被惩罚和被威胁的体验。

这些早期爱的经历的一些痕迹会一直保留下来，并影响到后来的异性关系。这些痕迹在每个人身上千差万别，在两性态度的差异中却表现出一种可辨认的模式。

在男性身上，我们经常发现他们与母亲早期关系的残余。首先是对令人生畏的女性的退缩。因为通常是母亲照顾婴儿，所以我们不仅从母亲那里获得了最早的温暖、被关怀和温柔的体验，也获得了最早的禁忌。要完全从这些早期的经历中解脱出来，似乎是非常困难的。我们常常得到这样的印象：几乎每个人身上都留有这些经历的痕迹，尤其是当我们看到男人在男性群体——无论这种团体是基于体育、俱乐部、科学，还是战争——中间多么快乐、释然时。他们看起来就像逃过监管的松了一口气的小学生！这种态度自然会在他们与妻子的关系中重复出现，因为妻子而不是其他女人，注定要取代母亲的位置。

关于女人神圣的观念暴露了对母亲的依赖关系，这种观念在对圣母的崇拜中得到了最高的表达。这种观念在日常生活中可能有一些美好的方面，但其不好的方面是相当危险的。因为在极端的情况下，它会导致这样一种观念，即体面的、受人尊敬的女人是无性的。男人会通过对她们产生性欲来羞辱她们。这种观念进一步暗示，一个男人不能指望与这样的女人有完整的爱情体验（即使他可能非常爱她），一个男人只会在堕落的女人——妓女身上寻求性满足。在一些案例中，这意味着一个人可以爱和欣赏他的妻子，但不能渴望她，因此会或多或少地对她有所克制。有些妻子可能会意识到男性的这种态度，但并不反对，尤其是当她们本身性冷淡时。然而，这几乎不可避免地会导致双方公开或隐蔽的不满。

在这种情况下，我想谈谈第三个特征，那就是男人对不能满足女人的恐惧。在我看来，这似乎是男性对女性的态度的特征。男人害怕不能满足女人的总体要求和性要求。这是一种某种程度上根植于生物学事实的恐惧，因为男性必须一次又一次地向女性证明自己，而女性即使性冷淡，也能性交、怀孕、生育。从本体论的角度来看，这种恐惧也有它的童年起源。当小男孩觉得自己是一个男人，但害怕自己的男性气质会被嘲笑，自信被打击时，当他幼稚的要求被取笑和嘲笑时，恐惧便产生了。这种不安全感的痕迹会经常出现，往往隐藏在过分强调男性气质本身的价值背后。然而，这些不安全感通过男性在与女性交往时不断增强的自信而暴露出来。婚姻会使一个男人对来自妻子的任何挫折都表现出过度敏感。如果她不是只属于他，如果最好的对他来说并不够好，如果他在性方面不能满足她，所有这一切对于基本没有安全感的丈夫来说一定是对其男性自信的严重侮辱。这种反应，反过来又会本能地激起他想通过打击妻子的自信来羞辱她的愿望。

选择这几个例子，是为了说明男性的一些典型趋势。它们可能足以说明，对异性的某些态度可能是在童年时期产生的，并且必然会在以后的关系中，尤其是在婚姻关系中表现出来，并且相对独立于伴侣的人格。在个体的发展过程中，这种态度越明显，丈夫在与妻子的关系中就会感到越不舒服。这种态度的存在往往是无意识的，其来源也是无意识的。对这种态度的反应也会有很大的不同。这种态度可能会导致婚姻内部的紧张和冲突——从隐藏的怨恨到公开的仇恨，或者它可能会诱使丈夫在工作中，在男人的陪伴下，或者在其他女人——他们并不害怕这些女人的要求，在她们面前他们也不会感到有各种义务——的陪伴下，寻求缓解紧张的方法。我们一次又一次地看到，事实证明婚姻关系是更牢固的。然而，与另一个女人的关系往往是更令人放松、更令人满意、更幸福的。

在妻子给婚姻带来的种种困难——这是她们在成长期给婚姻带来的一份价值可疑的礼物——中，我只想提一下性冷淡。它在本质上是否重要还有待商榷，但它确实表明女性与男性的关系出现了问题。不管其具体内容有何不同，它总是一种拒绝男性——无论是特定的个体还是整个男性群体——的表现。关于性冷淡频率的统计差异很大，在我看来，这基本上是不可靠的，部分原因是性冷淡作为一种感觉的质量无法用统计来表达，部分原因是很难估计有多少女性在以这样或那样的方式欺骗自己，谎称自己有性享受的能力。根据我自己的经验，我倾向于认为轻微程度的性冷淡发生得比我们从女性的直接陈述中听到的要频繁得多。

当我说性冷淡总是一种拒绝男性的表现时，我并不是指对男性表现出明显的敌意。这样的女性可能在身材、穿衣方式和行为上都非常女性化。她们可能给人的印象是，她们的整个生活都"只为爱而存在"。这里我指的是更深层次的东西——无法真正去爱，无法向男人屈服。这些女人或者走自己的路，或者用她们的嫉妒、要求、无聊和唠叨把男人赶走。

这样的态度是如何产生的呢？一开始，人们会倾向于把这一切都归咎于我们过去和现在培养女孩的不当方法和压抑，与男性的隔离使得女性无法用正常的眼光看待他们。因此他们要么以英雄的形象出现，要么以野兽的形象出现。然而，证据表明，这种观念过于肤浅。事实是，对女孩的管教越严格，并不会让她们越性冷淡。此外，我们发现，就基本特征而言，人性从来没有因为禁止和强制而发生本质的改变。

也许只有一个因素——焦虑，足以恐吓我们不去满足关键需要。如果我们想要了解它的起源和发展，我们就必须更仔细地研究一下女孩身上本能驱力的典型命运。在这里，我们可以找到各种使女性角色在小女孩看来是危险的并使她们厌恶女性角色的因素。典型的婴儿期恐惧及其象征意义，让人很容易猜测其隐藏含义。对窃贼、蛇、其他野生动物和雷暴的恐惧，如果不是女性对能够征服、穿透和摧毁她们的压倒性力量的恐惧，还能是什么呢？还有一些额外的恐惧与早期本能的母性预感有关。小女孩一方面害怕将来会经历神秘而可怕的事件，另一方面担心自己可能永远没有机会经历它。

小女孩以一种典型的方式逃离这些不安的感觉，那就是努力进入一个渴望或想象的男性角色。在四到十岁的孩子身上，我们可以很容易地观察到这一点。在青春期前和青春期，假小子行为消失了，让位于女性态度。然而，一些强烈而令人不安的残余可能会在表面之下继续存在，并以几种方式发挥作用。它可能表现为野心，对权力的追求，对比自己有优势的男性的怨恨，对男性的好斗态度，不同类型的性操纵，在与男性的性关系中抑制或完全阻止自己的性满足。

如果我们理解了这段大致勾勒的性冷淡的发展历史，那么有一点就会变得更加清晰。如果我们把婚姻作为一个整体来看，我们就会发现，性冷淡产生的背景以及它在妻子对待丈夫的总体态度中表现出来的方式，比症状本身——仅仅代表错过的快乐，也许不那么重要——更为严重。

母性是女性的功能之一，往往会被这种不利的发展所干扰。我不想在这里讨论这种生理和心理上的紊乱表达自己的方式。我只想问一个问题：一段原本良好的婚姻是否有可能因为孩子的到来而受到影响。孩子是巩固还是破坏婚姻？人们经常听到这个问题以绝对的形式被提出。然而，以如此笼统的形式提出这个问题是没有意义的，因为答案取决于婚姻的内在结构。因此，我不得不以一种更具体的形式提出问题：婚姻伴侣之间良好的关系是否会因孩子的到来而受到损害？

虽然这样的后果在生物学上似乎是自相矛盾的，但在某些心理条件下确实可能发生。例如，可能发生这样的情况：一个无意识地强烈依恋母亲的男人，一旦他的妻子实际上成为母亲，他就会把妻子当作母亲的形象，从而不可能把她作为性客体接近她。男性可以用妻子因怀孕、分娩、哺乳而失去美丽这个理由来为自己态度上的变化辩护。正是通过这种合理化，我们试图控制那些从我们存在的深处深入我们生活的情绪或抑制。

与此相应的一个案例是，通过发展过程中出现的某种扭曲，一个女人把所有女性的渴望都集中在了孩子身上。因此，在一个成年男子身上，她只爱他孩子的部分——他的孩子气和他给她带来一个孩子的可能性。如果这样的女人真的有了孩子，丈夫就会显得多余，甚至令人讨厌。

因此，在一定的心理条件下，孩子也会成为产生隔阂或厌恶的根源。

尽管我没有触及其他重要的冲突——比如由潜在的同性恋倾向引起的冲突，但在这里我想做个总结。没有必要为以上心理学观点增加任何内容。

因此，我的出发点如下：婚姻中火花的熄灭或者第三者的闯入，我们通常认为这些是导致婚姻破裂的原因，其实已经是某种发展的结果了。它们是一个过程的结果，这个过程通常对我们来说是隐秘的，但它会逐渐发展出对伴侣的厌恶。这种厌恶的来源与伴侣令人讨厌的品质之间的关系，比我们想象的要小得多，而更多的是与我们自己的发展给婚姻带来的未解决的冲突有关。

因此，婚姻问题不能通过关于责任和放弃的训诫来解决，也不能通过对本能的无限自由的建议得到解决。且不说我们可能会失去我们最宝贵的价值，前者对我们现在已经没有意义了，后者很明显对我们追求幸福的努力无益。事实上，问题应该这样提出来：哪些导致厌恶婚姻伴侣的因素是可以避免的？哪些因素是可以控制的？哪些是可以消除的？发展中有过度破坏性的不和谐因素是可以避免的，至少在强度上是可以控制的。我们可以理直气壮地说，婚姻的机会取决于婚前双方的情绪稳定性。许多问题似乎是不可避免的。期待成就感被作为礼物呈递给我们，而不是必须努力去争取，这可能是人类本性的一部分。一种内在美好的两性关系，即无焦虑的两性关系，可能仍然是一个遥不可及的理想。我们还必须学会接受自己内心某些矛盾的期望部分与我们的本性有关，从而认识到不可能在婚姻中全部实现它们。我们对放弃的态度会有所不同，这取决于历史摆向我们的时刻。在我们之前的几代人需要放弃太多的本能。我们倾向于过分害怕本能。婚姻和其他关系的最理想的目标，似乎是在放弃与给予、驱力的限制与自由之间找到一种最佳平衡。然而，真正威胁到婚姻的克制并不是通过伴侣的实际缺点强加给我们的那种克制。毕竟，我们可以因他们不能给我们超越其本性局限的东西而原谅他们。但我们也必须放弃我们的其他要求。这些要求，无论是明示的还是暗示的，都太容易毒害婚姻。我们将不得不放弃以不同的方式寻求内在驱力的满足的要求——不仅仅是伴侣让它未被满足的性要求。换句话说，我们必须以开放的心态重新审视一夫一妻制的起源、价值和危险，从而认真审视一夫一妻制的绝对标准。

第
八
章

对女性的恐惧：关于恐惧异性的
性别差异的观察[①]

———————————

　① "Die Angst vor der Frau Über einen spezifischen Unterschied in der männlichen und weiblichen Angst vor dem anderen Geschlecht," *Intern. Zeitschr. f. Psychoanal.* XVIII (1932), pp. 5-18; *Int. J. Psycho-Anal.*, XIII (1932), pp. 348-360.

席勒在他的民谣《潜水者》中讲述了一个乡绅为了赢得一个女人而跳进危险的漩涡——起初以高脚杯作为象征。惊恐之中，他描述了他注定要被其吞没的深渊的危险：

狂暴的威力终于平息，

从白色的浪花中

现出一条黑色的缝隙

深无底，似乎跟地狱相通

只见那滔滔滚滚的洪流

全都灌进旋涡的漏斗

在玫瑰光中呼吸的世人真开心！

在海底下面多使人惊恐

世人不要去试探神明

慈悲的神明用恐怖和黑暗掩护一切，别想去窥见

因为我下面还有万丈深渊

笼罩着紫色的昏暗

虽然我耳边死气沉沉

一眼看下去却毛骨悚然

竹麦鱼、火蛇，还有蝾螈

蠢动在可怕的地洞里面

《威廉·退尔》中的渔夫之歌也表达了同样的想法——尽管要积极得多：

清澈的微笑的湖水请求在它的深处沐浴

一个男孩在碧绿的湖岸上睡着了

然后他听到了一段旋律，流畅而柔和

甜美如天使在高空歌唱

他从沉睡中醒来，同样兴奋

水在他胸前潺潺流过

还有一个声音从深沉的哭声中传来

"你必须跟我走，我把年轻的牧羊人迷住了，我把他引诱到下面来。"

男人不厌其烦地用各种表达方式来表达那种使男人感到自己被女人所吸引的力量与他们的渴望和他们可能会因女人而死去并毁灭的恐惧。我将特别提到海涅在关于传说中的罗蕾莱——罗蕾莱高高地坐在莱茵河岸边，用她的美貌引诱船夫——的诗中，对这种恐惧的动人表达。

这里又是水（像其他"成分"一样，代表原始成分"女人"）吞噬了屈服于女人魅力的男人。尤利西斯不得不命令他的水手把他绑在桅杆上，以逃避塞壬的诱惑和危险。能解开斯芬克斯之谜的人很少，而试图解开它的大多数人都失去了自己的生命。童话故事中的王宫，装饰着那些有勇气尝试解开国王美丽女儿的谜题的追求者的头颅。女神卡利①在被杀男人的尸体上跳舞。没有人能征服的参孙，被大利拉夺去了力量。朱迪斯将自己献给赫罗夫尼斯后，将他斩首。莎乐美把施洗者约翰的头放在战马上。女巫会被烧死，因为男牧师害怕她们体内的魔鬼。韦德金德的大地之魂摧毁每一个屈服于她魅力的男人，并不是因为她特别邪恶，而仅仅是因为她的本性要求她这样。这样的事例数不胜数。无论何时何地，男人总是通过物化女人来努力摆脱对女人的恐惧。"不是，"他说，"我怕她，而是她本身是恶毒的，什么罪行都干得出来。她是一头猛兽、一个吸血鬼、一个女巫，她的欲望永不满足。她就是邪恶的化身。"男人对女人的渴望和对她们的恐惧之间永无休止的矛盾，这难道不是

---

① 见达利的文章《印度教神话与阉割情结》。

整个男性创作冲动的主要根源之一吗[①]？

对于原始的情感来说，女性在其女性身份的血腥表现面前变得加倍险恶。在女性月经期间与她们接触是致命的[②]：男性失去力量，牧草枯萎，渔夫和猎人一无所得。失贞对男性来说是最大的危险。正如弗洛伊德在《童贞的禁忌》[③]中所言，丈夫尤其害怕这种行为。在这部作品中，弗洛伊德也将这种焦虑物化，认为女性身上确实会存在阉割冲动。这不是对禁忌现象本身的充分解释，有两个原因。首先，女性不总是对失贞有阉割冲动的反应；这些冲动很可能只局限于具有强烈男性化态度的女性。其次，即使失贞总是在女性身上激起破坏性的冲动，我们也应该揭示（就像我们在每一个个体分析中应该做的那样）男性内心的迫切冲动，正是这种冲动使他们把第一次插入阴道看作如此危险的事情。的确，这种行为是如此危险，以至于只有一个有权势的男人，或者一个愿意冒生命或男性气质受损的人，才能不受惩罚地进行这种行为。

我们惊奇地问自己，人们关于男性对女性存在隐秘恐惧这一

[①] 萨克斯将艺术创作的冲动解释为在罪疚感中寻找伙伴。我认为他是对的，但他似乎没有深入探讨这个问题。他的解释是一面之词，只考虑了人格的一部分，即超我。参见萨克斯，《共同的白日梦》，国际精神分析出版社。

[②] Daly, "Der Menstruationscomplex," *Imago*, Bd. XIV (1928); Winterstein, "Die Pubertätsriten der Mädchen und ihre Spuren im Märchen," *Imago*, Bd. XIV (1928).

[③] Freud, "The Taboo of Virginity," *Collected Papers*, Vol. IV.

事实的认识和关注如此之少，这难道不是很明显吗？更值得注意的是，长久以来，女性自己一直忽视这一点。我将在其他地方详细讨论造成这种现象的原因（即她们自己的焦虑和低自尊）。男人首先有非常明显的策略上的理由来让自己的恐惧保持安静。但他们千方百计地否认这一点，甚至对自己也不承认。这就是我们所提到的在艺术和科学领域的创造性工作中使它"客观化"的目的。我们可以推测，即使是他们对女性的赞美，其根源也不仅在于他们对爱情的渴望，而且在于他们想掩饰自己的恐惧。然而，同样的根源也存在于男人们对女性的轻蔑中，这种轻蔑常常表现在他们的态度中。这种爱和崇拜的态度对男性意味着："对我来说，没有必要害怕一个如此奇妙、如此美丽、如此圣洁的人。"轻蔑的态度则暗示："如果你把一个如此可怜的人看光，那么害怕她就太可笑了。"①最后这一种减轻焦虑的方法对男人来说有一个特殊的好处：它有助于维护男性的自尊。承认对女人的恐惧，似乎比承认对其他男人（父亲）的恐惧更能威胁到男人的自尊。男人和女人有关的自我感觉特别敏感，这一点只能通过他们的早期发展来理解。这一点我将在后面讨论。

　　在精神分析中，这种对女性的恐惧相当清楚。男同性恋与所

---

①　我清楚地记得，当我第一次听到上述观点——由一个男人以一个普遍命题的形式提出时，我是多么惊讶。当他在谈话中提到"当然，男人害怕女人"时，格罗德克显然觉得他是在陈述一个不言自明的事实。在写作中，格罗德克反复强调了这种恐惧。

有其他反常行为一样，其基础都是想要逃离女性生殖器，或否认其存在。弗洛伊德指出，这是盲目崇拜的一个基本特征[1]。然而，他认为，这不是基于焦虑，而是基于一种由于女性没有阴茎而产生的厌恶感。我认为，从他的解释中，我们可以得出这样的结论：焦虑也在起作用。我们实际上看到的是对阴道的恐惧，只是伪装成了厌恶。只有焦虑才是一个足够强大，可以阻止男人——力比多促使其与女人结合——实现自己目标的动机。但弗洛伊德的说法并不能解释这种焦虑。一个男孩对父亲的阉割焦虑并不能成为他对一个已经遭受过这种惩罚的人的恐惧的充分理由。除了对父亲的恐惧之外，一定还有一种更深层次的恐惧，其对象是女性或女性生殖器。现在，这种对阴道本身的恐惧不仅出现在同性恋者和其他性反常者身上，而且出现在男性分析师的梦中。所有的精神分析师都熟悉这类梦，我只需要给出它们的最简单的轮廓，例如，一辆汽车疾驰而过，突然掉进了一个坑里，撞成了碎片；一艘船在狭窄的航道中航行，突然被卷入漩涡；有一个地窖，里面有诡异的、血迹斑斑的植物和动物；有人正在爬烟囱，有掉下来被杀的危险。

德累斯顿[2]的鲍梅耶博士允许我引用一系列偶然观察而来的现象来说明对阴道的恐惧。医生在治疗中心和孩子们玩球，过了一段

---

① Freud, "Fetishism," *Int. J. Psycho-Anal.*, Vol IX (1928).
② 实验由弗里德里希·哈通博士在德累斯顿的一家儿童诊所进行。

时间，他向孩子们展示球上有一条缝。她把缝的边缘拉开，把手指伸进去，这样手指就被球牢牢地夹住了。在她要求的28个男孩中，只有6个男孩在这样做时没有恐惧，8个男孩甚至根本不敢这样做。根本不能被诱导去做这件事。19个女孩中，9个把手指伸进去，没有一丝恐惧；其余的人表现出轻微的不安，但没有一个人表现出严重的焦虑。

毫无疑问，对阴道的恐惧往往隐藏在对父亲的恐惧背后；或者用无意识的语言来说，隐藏在对进入阴道的阴茎的恐惧[①]背后。

这其中有两个原因。首先，正如我已经说过的，男性的自尊在这方面受到的影响较小。其次，对父亲的恐惧更具体，在性质上不那么可怕。我们可以把这比作对真正敌人的恐惧和对幽灵的恐惧之间的区别。因此，强调与阉割有关的焦虑是有倾向性的，正如格罗代克在分析《蓬头彼得》中的吮吸拇指的人时所表明的那样。在这个故事中，剪掉拇指的是一个男人，发出威胁的却是母亲，发出威胁的工具——剪刀——是女性的象征。

从这一切来看，我认为男性对女性（母亲）或女性生殖器的恐

---

① Boehm, "Beiträge zur Psychologie der Homosexualität," *Intern. Zeitschr. f. Psychoanal.*, XI (1925); Melanie Klein, "Early Stages of the Oedipus Conflict," *Int. J. Psycho-Anal.*, Vol. IX (1928); "The Importance of Symbol-Formation in the Development of the Ego," *Int. J. Psycho-Anal.*, Vol. XI (1930); "Infantile Anxiety-Situations Reflected in a Work of Art and in the Creative Impulse," *Int. J. Psycho-Anal.*, Vol. X (1929). p. 436.

惧可能比对男性（父亲）的恐惧更根深蒂固、更沉重，通常也更加受到压抑，而在女性身上寻找阴茎首先代表了否认邪恶的女性生殖器存在的强迫性行为。

这种焦虑是否存在个体发生学的解释？它是不是男性存在和行为的一个组成部分？在雄性动物中经常发生的交配后的虚弱状态[①]（甚至死亡）对我们是否能有所启发？爱和死亡是否对雄性来说比对雌性——对雌性来说，性结合可能产生新的生命——来说更紧密地联系在一起？男人在征服的渴望中，在与女人（母亲）结合的行为中，是否有一种对死亡的隐秘渴望呢？是否正是这种渴望，构成了"死本能"的基础？是否正是他们的求生意志让他们以焦虑来回应这种渴望呢？

当我们试图从心理学和个体发生学的角度理解这种焦虑时，如果我们认同弗洛伊德的观点，即婴儿性行为与成人性行为的区别恰恰在于阴道对孩子来说是"未被发现的"，我们就会发现自己相当困惑。根据这一观点，我们不能恰当地谈论生殖器至上；我们更应该称其为阴茎的首要地位。因此，将婴儿生殖器组织的时期描述为"阴茎阶段"会更好[②]。许多男孩在那个时期的言论，毫无疑问

---

①   Bergmann, *Muttergeist und Erkenntnisgeist*.

②   Freud, "The Infantile Genital Organization of the Libido," *Collected Papers*, Vol. II.

地证明弗洛伊德理论所依据的观察的正确性。但是，如果我们更仔
细地考察这一阶段的基本特征，我们不禁要问，弗洛伊德的描述是
否真的概括了婴儿性器官，还是只适用于它的一个较晚的阶段。弗
洛伊德指出，男孩以一种明显自恋的方式把兴趣集中在自己的阴茎
上："他们身体的这个男性部分将在青春期后期产生的驱力在童年
时期主要表现为一种探究事物的冲动，即性好奇。"

可以肯定的是，阴茎冲动的本质——关于其他生物的阴茎的存
在和大小，扮演了一个非常重要的角色——确实是从器官感觉开始
的，是一种渗透的欲望。这些冲动确实存在，这是毋庸置疑的。它
们在儿童的游戏中和对小孩子的分析中表现得太明显了。这个男孩
对母亲的性愿望来自这些冲动。自慰在很大程度上是异性生殖器冲
动的自体性表达，男性自体性欲焦虑的对象是作为阉割者的父亲。

在阴茎阶段，男孩的心理取向是自恋性质的；因此他们的生殖
器冲动指向客体的时期必须是一个较早的时期。这种冲动不指向女
性生殖器官——他们本能地猜到了女性生殖器官的存在——的可能
性，这当然也必须考虑。在梦——无论是早期生活还是后期生活的
梦——中，以及在症状和特定的行为模式中，我们都发现了性交的
表征是口欲的、肛门的或虐待性的，没有具体的定位。但我们不能
以此作为相应冲动的首要性的证明，因为我们不能确定这些现象
是否或在多大程度上表达了一种来自生殖目标的置换。说到底，

这些现象的全部意义在于表明，一个特定的个体受到特定的口唇、肛门或施虐倾向的影响。它们的价值很小，因为它们的表征总是与指向女性的某些情感联系在一起，所以我们无法判断它们本质上是否可能不是这些情感的产物或表达。例如，贬低女性的倾向可能在女性生殖器的肛门表征中表达出来，而口头表征对应的是焦虑。

除此之外，在我看来，阴道保持"未被发现"的状态是不可能的，这有各种原因。当然，一方面，男孩会自动得出结论，其他人都是和他们一样的；另一方面，他们的生殖器冲动肯定会本能地要求他们在女性身体中寻找合适的开口——这种开口是他们自己所缺乏的，因为一个性别总是在另一个性别中寻找与自己互补的东西，或者与自己的性质不同的东西。如果我们接受弗洛伊德的论断，即儿童形成的性理论是以他们自己的性构造为模型的，那么这肯定意味着男孩在冲动的驱使下，在幻想中描绘了一个互补的女性器官。这正是从我一开始所引用的与男性对女性生殖器官的恐惧有关的所有材料中推断出来的。

这种焦虑完全不可能只从青春期开始。在青春期的开始，如果我们通过非常微妙的男孩式骄傲的伪装，就会发现这种焦虑表现得非常清楚。在青春期，一个男孩的任务显然不仅仅是让自己从对母亲的乱伦依恋中解脱出来，更广泛地说，还包括控制自己对女性的恐惧。一般来说，他的成功是渐进的。首先，他完全不理睬女孩子。只有他的男性气质被完全唤醒，才会把他推向焦虑的门槛。但我们知道，通常青春期的冲突会复活属于婴儿性欲早期成熟阶段的冲突；它们往往在本质上是对一系列早期经历的忠实复制。此外，当我们在梦和文学作品的象征中发现焦虑的存在时，它的怪诞特征往往明确地指向早期婴儿幻想的时期。

在青春期，一个正常的男孩已经获得了关于阴道的知识，但他对女人的恐惧是不可思议的、不熟悉的和神秘的。如果男人继续把女人——在她们身上有一个他们无法预知的秘密——视为伟大的神秘存在，那么他们的这种恐惧最终只能与她们身上的一件事联系起来：母性的神秘。其他一切都不过是母性恐惧的残余而已。

这种焦虑的根源是什么？它的特点是什么？有哪些因素让男孩与母亲的早期关系蒙上了阴影？

在一篇关于女性性行为的文章[1]中，弗洛伊德指出了这些因素中最明显的一个：首先禁止本能活动的是母亲，因为是她们在婴儿时期照料孩子。其次，孩子显然会对母亲的身体产生施虐冲动[2]，这可能与母亲的禁令所引起的愤怒有关，根据以牙还牙的报复法则，这种愤怒留在了焦虑的残余背后。最后——也许是最主要的一点，生殖器冲动本身的特殊命运构成了另一个因素。两性解剖学上

---

[1]　*Int. J. Psycho-Anal*, Vol. XI (1930), p. 281.

[2]　上面引用的梅兰妮·克莱茵的工作，我认为没有得到足够的重视。

的差异导致女孩和男孩的处境完全不同。要真正理解他们的焦虑和焦虑的多样性，我们必须首先考虑儿童在婴儿性欲时期的真实处境。女孩的生理构造使她们有接纳的欲望[1]；她们感觉或知道自己的生殖器对于父亲的阴茎来说太小了，这使她们以直接的焦虑来回应自己的生殖器愿望。她们害怕，如果自己的愿望得到满足，她们自己或她们的生殖器就会被摧毁[2]。

相应地，男孩感觉或本能地判断，自己的阴茎对于母亲的生殖器来说太小了，他们的反应是害怕自己的不足，害怕被拒绝和嘲笑。因此，他们的焦虑与女孩的完全不同。他们最初对女人的恐惧根本不是阉割的焦虑，而是对自尊受到威胁的一种反应[3]。

为了不造成误解，我想强调一下，我相信这些过程纯粹本能地发生在器官感觉和机体的需求的紧张的基础上。换句话说，我认为，即使女孩从未见过父亲的阴茎，男孩从未见过母亲的阴道，同时没有任何关于这些生殖器的知识，这些反应也会出现。

男孩受到来自母亲的挫折的影响比女孩受到父亲的影响更严重。在这两种情况下，力比多冲动都受到了打击。但女孩在她们受到的挫折中得到了某种安慰——她们保留了自己身体的完整性。男

---

[1]　这不等于消极。

[2]　在另一篇论文中，我将更充分地讨论女孩的情况。

[3]　"Das Misstrauen zwischen den Geschlechtern," *Die psychoanalytische Bewegung* (1930).

孩却有了生殖缺陷感，这大概从一开始就伴随着他们的力比多欲望。如果我们假设，愤怒的最普遍原因是对当下至关重要的冲动的抑制，那么男孩因母亲受挫一定会在他们身上激起双重的愤怒：一种来自力比多对他们的打击，另一种来自他们的男性自尊受损。与此同时，源于前生殖器挫折的旧仇恨可能再次出现。结果是，他们的生殖器冲动与他们对挫折的愤怒融合在一起，并带了虐待的色彩。

在这里，让我强调一点，我们没有理由假设这些生殖器冲动带有天生的虐待色彩，因此，在每种缺乏具体证据的情况下，将"男性"等同于"虐待狂"，并以类似的方式将"女性"等同于"受虐狂"是不可接受的，这一点在精神分析文献中没有得到重视。如果破坏性冲动的混合确实相当可观，那么根据以牙还牙的报复法则，母亲的生殖器就必须成为直接焦虑的对象。如果这种冲动首先因与受伤的自尊相联系而使男性反感，那么它将通过次级过程（通过挫折愤怒的方式）成为阉割焦虑的对象。当男孩看到月经的痕迹时，这可能会得到普遍的强化。

通常情况下，后一种焦虑又会在男人对女人的态度中留下持久的印记，正如我们从不同时期和不同种族给出的随机例子中了解到的那样。但我并不认为这种焦虑在所有男人身上都有规律地存在，而且它当然也不是男人与异性关系的一个显著特征。这种焦虑，经过必要的修改，与我们在女性身上所遇到的焦虑非常相似。当我们在分析中发现它以一定强度出现时，其对象总是一个男人——他对女人的总体态度有一种明显的神经质扭曲。

我认为与自尊有关的焦虑在每个男人身上或多或少地留下了明显的痕迹，并给他们对女人的总体态度打上了特殊的印记，这种印记在女人对男人的态度中要么不存在，要么是次级生成的。换句话说，它并不是女性本性的组成部分。

我们只有更仔细地研究男孩婴儿期焦虑的发展、他们为克服焦虑所做的努力以及这种焦虑的表现方式，才能把握这种男性态度的一般意义。

根据我的精神分析经验，对被拒绝和被嘲笑的恐惧是每个男人的典型成分，不管他们的心态如何，也不管他们的神经症结构如何。分析情境以及女性精神分析师的保留，更清楚地表现了这种焦虑及其敏感性。而在日常生活中，男性要么可以避开那些有意唤起它们的情境，要么可以通过一种过度补偿的过程逃避这些感觉。这种恐惧的具体基础是很难发现的，因为在分析中，它通常被一种女性化的倾向所掩盖，在很大程度上是无意识的[①]。

根据我自己的经验，我认为女性化倾向与女性的男性态度一样普遍，尽管不那么明显。我不打算在这里讨论它的各种来源。我只

---

① Boehm, "The Femininity Complex in Men," *Int. J. Psycho-Anal.*, Vol. XI (1930).

想说，我推测，对自尊心的早年伤害，很可能是男孩对自己的男性角色感到厌恶的因素之一。

他们对这种伤害以及由此而来的对母亲的恐惧的典型反应，显然是把自己的性欲从母亲身上收回，而把它集中在自己和自己的生殖器上。从经济的角度来看，这个过程是双重有利的，它使男孩能够逃离他们与母亲之间的痛苦或焦虑处境，并通过加强他们的阴茎自恋来恢复他们的男性自尊。女性生殖器对他们来说不再存在，"未被发现"的阴道是被否认的阴道。男孩的这一发展阶段与弗洛伊德的生殖器阶段完全相同。

因此，我们必须把支配这一阶段的探索态度，以及男孩的探究的特殊性质，看作对对象的退缩，随后出现的是自客体的退缩撤退的表达。

他们的第一反应是朝着一种高度的生殖器自恋的方向发展。结果是，年轻男孩毫不尴尬地说出想成为女人的愿望。他们部分以更新的焦虑——唯恐自己不被认真对待，部分以阉割焦虑回应想成为女人的愿望。一旦我们意识到男性阉割焦虑在很大程度上是自我对成为女人的愿望的反应，我们就不能完全同意弗洛伊德的观点，即双性恋在女性身上比在男性身上表现得更清楚①。

弗洛伊德强调的生殖器期的一个特征特别清楚地显示了小男孩

---

① Freud, "Female Sexuality," *Inter. J. Psycho-Anal.*, Vol. XI (1930), p. 281.

在与母亲的关系中留下的自恋伤疤："他们表现得好像自己模糊地认为这个成员可能而且应该更大。"[①]我们必须通过说这种行为确实开始于生殖器期，但没有随着生殖器期的结束而停止放大观察。相反，这种行为在整个少年时期天真地表现出来的，并在后来作为一种对阴茎大小或其能力的隐秘焦虑而持续存在，或者作为一种对阴茎不那么隐蔽的自豪感而存在。

两性生理的一个主要差异在于：男人实际上有义务继续向女人证明他们的男性气质，女人却没有类似的必要性。即使她们是性冷淡的，也可以性交，怀孕并生下一个孩子。她们只需要存在就可以履行自己的职责，而不需要主动做任何事。这一事实总是让男人既羡慕又怨恨。男人必须做点什么来实现自己。效率的理想是典型的男性理想。

这大概就是我们在分析害怕自己男性化倾向的女性时，总是发现她们不自觉地把野心和成就视为男性的所有——尽管女性在现实生活中的活动范围已经大大扩大了——的根本原因。

在性生活中，我们看到驱使男人走向女人的单纯的对爱的渴望，常常被他们向自己和他人一再证明自己男性气质的压倒性的内在冲动所掩盖。因此，极端类型的男人只有一个兴趣：征服。他们

[①] Freud, "The Infantile Genital Organization of the Libido," *Collected Papers*, Vol. II.

的目的是"占有"许多女人，而且是最美丽、最抢手的女人。我们在这种男人身上发现了一种显著的自恋过度补偿和生存焦虑的混合。他们虽然想要征服，但对一个认真对待他们的意图的女人非常愤怒。如果一个女人能够证明他们的男性气质，他们就会对她一生怀有感激。

另一种避免自恋受伤疼痛的方法是持有弗洛伊德所说的贬低爱的对象的态度①。如果一个男人对任何与他平等甚至比他优越的女人都不感兴趣，难道他不是在根据酸葡萄原则保护他受到威胁的自尊吗？一个男人不会害怕妓女或风流女子的拒绝，也不会害怕她们在性、道德或智力方面对他的要求。一个男人可以感到自己高女人一等②。

这就引出了第三条路，也是其文化后果中最重要、最不祥的一条路：那就是打击女性的自尊。我认为我已经表明，男人对女人的贬低是基于一种明确的轻视她们的心理倾向。这种倾向植根于男人对某些既定生理事实的心理反应。认为女人是幼稚的、情绪化的生物，因此不能承担责任和保持独立，这种观点是打击女人自尊的

---

① Freud, "Contributions to the Psychology of Love," *Collected Papers*, Vol. IV.

② 这并不降低其他驱使男人去找妓女的力量的重要性。Freud, "Contributions to the Psychology of Love," *Collected Papers*, Vol. IV; Boehm, "Beiträge zur Psychologie der Homosexualität," *Intern. Zeitschr. f. Psychoanal.*, Bd. VI (1920) and Bd. VIII (1922).

男性化倾向的产物。当男人通过指出有非常多的女人确实符合这种描述来为这种态度辩护时，我们必须考虑这种类型的女人是否是通过男人的系统选择培养出来的。重要的一点不是，从亚里士多德到莫比乌斯，无论思想水平高低，在证明男性原则的优越性方面，耗费了惊人的精力和智力。真正重要的是这样一个事实："普通男人"那不稳定的自尊，使他们一次又一次地选择一种幼稚的、非母性的、歇斯底里的女性类型，并且使每一代人都受到这种女性的影响。

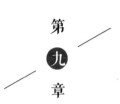

第九章

对阴道的否认：女性的生殖器焦虑[1]

[1]　"Die Verleugnung der Vagina. Ein Beitrag zur Frage der spezifisch weiblichen Genitalangst," *Intern. Zeitschr. f. Psychoanal.*, XIX (1933), pp. 372-384; *Int. J. Psycho-Anal.*, 14 (1933), pp. 57-70.

弗洛伊德从对女性人格发展的研究中得出的基本结论如下：第一，小女孩与小男孩的本能的早期发展过程是一样的，无论是在性敏感区（两性中只有一个生殖器官，也就是阴茎在起作用，阴道仍未被发现）方面，还是在客体的第一选择方面（对两者来说，母亲都是第一个爱的客体）；第二，两性之间仍然存在的巨大差异源于这样一个事实，即这种力比多倾向的相似性并不符合相似的解剖学和生物学基础。从这个前提出发，我们可以不可避免地得出结论：女孩觉得自己没有充分准备好满足力比多的生殖器，因而不得不羡慕男孩在这方面的天赋。女孩在拥有与男孩共有的与母亲的冲突之外，还有自己的关键冲突；她们把自己没有阴茎这件事归罪于母亲。这种责备对她们脱离母亲并转向父亲至关重要。正因如此，女孩的关键冲突也是至关重要的。

　　因此，弗洛伊德选择了一个快乐的短语——阴茎期（phallic phase）来指定儿童性欲的繁盛时期，即男孩和女孩的婴儿期性欲处于首要地位的时期。

　　可以想见，一个不熟悉精神分析的科学家在阅读这篇文章时，会把它当作精神分析期望世人相信的许多奇特概念之一忽略。只有那些接受弗洛伊德理论观点的人，才能衡量这一特定论文对理解女性心理学整体的重要性。它的全部意义体现在弗洛伊德最重大的发现之一——我们可以假设这一发现将被证明是真理——的光芒下。我指的是认识到童年早期的印象、经历和冲突对个人后来的整个生活具有至关重要的意义。如果我们完全接受这个命题，也就是说，如果我们认识到早期经验对主体处理其后期经验的能力及其处理方式的影响，那么至少潜在地，这一点就女性的特定心理生活而言，会产生以下后果：

（1）随着女性器官功能的每一个新阶段——月经、性交、怀孕、分娩、哺乳和更年期——的开始，即使是一个正常的女人（正如海伦·多伊奇[①]实际上所假设的那样），也必须克服男性化趋势的冲动，才能对发生在她体内的过程采取一种全心全意肯定的态度。

（2）即使在正常女性中，不论种族、社会和个人条件如何，性欲依附于或转向同性的情况也会比在男性中更容易发生。总而言之，同性恋在女性中会比在男性中更为普遍，这是无可比拟的。面对与异性交往的困难，女人显然会比男人更容易退回同性恋态度。因为根据弗洛伊德的说法，不仅她们童年最重要的岁月被这种对同性的依恋所支配，而且她们主要是通过怨恨的狭窄桥梁第一次转向

---

① H. Deutsch, *Psychoanalyse der weiblichen Sexualfunktionen.*

一个男人（父亲）。"既然我不能拥有阴茎，我就想要一个孩子，'为了这个目的'，我向父亲求助。我对我的母亲怀有怨恨，因为她对我在解剖学上的劣势负有责任，于是我放弃了她，转向我的父亲。"因为我们确信生命最初几年的影响，所以女人与男人的关系（作为真正所需的替代品①）在一生中保留了一些被迫选择的色彩。

（3）甚至在正常的女性身上，与本能相距甚远的、次要的和替代的某种东西的相同特征，也会依附于母性的愿望，或者会很容易表现出来。

弗洛伊德绝对没有意识到渴望拥有孩子的力量。在他看来，一方面，这代表了小女孩最强烈的（对母亲的）本能客体关系的主要遗产——以一种逆转原初母子关系的形式。另一方面，它也是早期对阴茎的基本愿望的主要遗产。弗洛伊德观点的特别之处在于，他认为对母性的渴望并不是天生的，而是一种可以在心理上归结为个体发生因素的东西，它的能量最初来自同性恋或阴茎本能的欲望。

（4）如果我们接受精神分析的第二个公理，即个人对性的态度是其对其他生活的态度的原型，那么最后，女人对生活的整体反应将建立在一种强烈的怨恨之上。因为根据弗洛伊德的说法，小女孩的阴茎嫉羡对应一种在最重要和最基本的本能欲望方面处于根本

---

① 我将在后面讨论作为小女孩阴茎态度基础的早期客体关系。

劣势的感觉。在这里，我们有了一个典型的基础。在这个基础上，一种普遍的怨恨很容易被建立起来。诚然，这种态度不会不可避免地产生。弗洛伊德明确地说，在发展顺利的地方，女孩会找到自己通往男人和母性的道路。在这里，如果如此早期和根深蒂固的怨恨态度不容易表现出来（在女性身上比在男性身上更容易表现出来），或者至少不容易成为对女性的重要情感基调有害的潜流，这将与我们所有的精神分析理论和经验相矛盾。

这些是关于整个女性心理的非常重要的结论，这些结论是从弗洛伊德对早期女性性行为的描述中得出的。当我们考虑它们时，我们很可能会感到，我们有必要一次又一次地对它们所依据的事实进行观察和理论反思的检验，并对它们进行适当的评价。

在我看来，精神分析经验本身不足以使我们判断弗洛伊德作为其理论基础的一些基本思想的正确性。我认为，关于这些理论的最终结论必须推迟到我们对正常儿童进行大规模的系统观察之后。这些观察是由接受过精神分析训练的人进行的。就此我想引用弗洛伊德的观点："众所周知，男性和女性人格之间明确的区别是在青春期之后首先出现的。"我自己所做的少数观察并不能证实这一说法。相反，我总是被二岁到五岁的小女孩表现出特别女性化特征的明显方式所震惊。例如，她们经常对男性表现出某种自发的女性化撒娇，或者表现出母性关怀的特征。从一开始，我就发现很难将这些印象与弗洛伊德关于小女孩性欲最初的男性化趋势的观点调和起来。

我们可以假设，弗洛伊德意图将他关于两性的力比多倾向的原始相似性局限于性的领域。但是，这样做，我们无法面对的是"个人的性欲是其他行为的基础"这一格言。为了澄清这一点，我们需要对正常男孩和正常女孩在他们最初的五六年里的行为差异进行大量的精确观察。

的确，在最初的几年里，没有受到恐吓的小女孩经常以一种可以被解释为早期阴茎嫉羡的方式来表达自己。她们会问问题，会拿自己的缺点做比较，会说自己也想要一个阴茎，会表达对有阴茎的羡慕或安慰自己以后也会有阴茎。暂且假设这些表现非常频繁，甚至有规律地发生，那么，在我们的理论架构中，我们应该给予这些表现多大的分量和位置，这仍然是一个悬而未决的问题。与他的整体观点一致，弗洛伊德利用这些表现来说明小女孩的本能生活已经被自己拥有阴茎的愿望所支配。

针对这一观点，我想提出以下三点：

（1）在同年龄的男孩中，我们遇到了类似的表达——希望拥有乳房或一个孩子。

（2）这些表现对男孩或女孩的整体行为没有任何影响。一个强烈希望拥有像母亲那样的乳房的男孩，在总体上可能表现出十足的男孩子式的攻击性。一个小女孩对她哥哥的生殖器投去羡慕和嫉妒的目光，可能同时表现得像一个真正的小女人。因此，在我看来，这样的早期表现是否应该被视为基本本能需求的表达，或者我们是否应该将它们置于不同的类别，这仍然是一个悬而未决的问题。

（3）如果我们接受每个人都有双性恋倾向这一假设，另一种可能的类别就会出现。事实上，弗洛伊德本人一直强调这一点对我们理解心灵的重要性。我们可以假设，虽然每个人在出生时就已经在生理上确定了明确的性别，但双性恋倾向——这种倾向总是存在的，只是在其发展中受到抑制——的结果是，儿童在心理上对自己的性别角色的态度最初是不确定的和试探性的。儿童没有意识到这一点，因此自然地对双性恋的愿望给予天真的表达。我们可以进一步推测，这种不确定性只会随着强烈的客体之爱产生而成比例地消失。

为了阐明我刚才所说的话，需要指出的是，在童年早期弥散的双性恋表现（具有游戏化、易变的特征）与所谓的潜伏期表现之间存在明显的差异。在这个年龄段，一个女孩可能会希望做个男孩——在这里，这种愿望发生的频率以及制约这种愿望的社会因素应该再一次得到调查。这种愿望决定她整个行为的方式——让她偏爱男孩子的游戏和行为方式，拒绝女性化的特征——表明，这种愿望来自心灵的另一个深处。然而，这幅与前一幅截然不同的画面，已经说明了她所经历的心理冲突[1]的结果，因此，如果我们没有特殊的理论假设，就不能声称这是生理上形成的男性化愿望的表现。

弗洛伊德建立其观点的另一个前提与性敏感区有关。他假设女孩早期的生殖器感觉和活动主要在阴蒂上发挥作用。他认为早期是否有阴道自慰是非常值得怀疑的，甚至认为阴道完全是"未被发现的"。

为了回答这个非常重要的问题，我们应该再一次要求对正常儿童进行广泛而精确的观察。早在1925年，卓诗尼·穆勒[2]和我本人就对这个问题表示过怀疑。此外，我们偶尔从对心理学感兴趣的妇科医生和儿童医生那里得到的大部分信息都表明，在儿童早期，阴道自慰至少和阴蒂自慰一样普遍。产生这种印象的各种数据有：经常观察到阴道刺激的迹象，比如阴道发红，有分泌物，相对频繁地出现异物进入阴道的情况，最后是妈妈们比较常见的抱怨——孩子把手指伸进阴道。著名妇科医生威廉·利普曼[3]说过，他的经验让他相信，在童年早期甚至婴儿期的头几年，阴道自慰比阴蒂自慰要

---

[1] Horney, "On the Genesis of the Castration Complex in Women," *Int. J. Psycho-Anal.*, Vol. V (1924).

[2] Josine Müller, "The Problem of Libidinal Development of the Genital Phase in Girls," *Int. J. Psycho-Anal.,* Vol. XIII (1932).

[3] 他在一次私密谈话中谈到了这一点。

常见得多，只有在童年后期，这种情况才出现逆转。

这些一般性的印象不能代替系统性的观察，因此也不能得出最后的结论。但它们确实表明，弗洛伊德自己承认的例外情况似乎经常发生。

我们最自然的做法是从我们的分析中阐明他的问题，但这是困难的。在最好的情况下，患者有意识的回忆或分析中出现的记忆材料不能被视为明确的证据，因为在这里和在其他地方一样，我们还必须考虑压抑的作用。换句话说，患者可能有很好的理由不记得阴道感觉或自慰，正如我们必须就她对阴蒂感觉的无知感到怀疑一样①。

进一步的困难是，前来接受分析的女性恰恰是那些人们甚至不能指望她们对阴道过程有一般的自然反应的女性。因为她们总是那些性发育在某种程度上偏离了正常的女性，她们的阴道敏感性或多或少受到了干扰。与此同时，材料间的偶然差异似乎也起了作用。在我研究过的大约三分之二的案例中，我发现了如下情况：

（1）在任何性交之前，女性通过阴道自慰产生的明显阴道高潮。女性以阴道痉挛和分泌物缺陷的形式出现性冷淡。（这种情况

---

① 在1931年德国精神分析学会召开前有一场关于我的生殖器期论文的讨论。在讨论中，鲍温引用了几个案例。这些案例中患者只回忆到阴道感觉和阴道自慰，而阴蒂显然一直未被发现。

我只见过两例，但都是明确无误的。）我认为，一般来说，在自慰中，女性更倾向于阴蒂或阴唇。

（2）自发的阴道感觉——大多会伴随明显的分泌物——由无意识的刺激情况引起，如听音乐、开车、摇摆、梳头和某些移情情况。没有阴道自慰；性交时性冷淡。

（3）由生殖器外的刺激，如身体的某些动作、捆绑、特别的施-受虐幻想，产生的自发阴道感觉。在这种情况下，每当阴道被男人或医生触摸，或出现自慰、符合医学规定的灌洗，个体都会产生强烈的焦虑。

因此，就目前而言，我的印象可以总结如下：在自慰中，阴蒂比阴道更常被选择，但由一般性兴奋引起的自发生殖器感觉更多来自阴道。

从理论的角度来看，我认为应该高度重视这种相对频繁发生的自发阴道兴奋，即使在对阴道的存在一无所知或只有非常模糊的认识的患者中也应该如此。她们在随后接受的分析中并没有任何形式的阴道诱惑或其他证据的回忆，也没有任何阴道自慰的回忆。因为这一现象指向了一个问题，即性兴奋是否从一开始就没有在阴道感觉中明显地表达出来。

为了回答这个问题，我们必须等待比任何一个精神分析师从自己的观察中所能获得的更为广泛的材料。与此同时，在我看来，有许多因素似乎支持我的观点。

首先，有些强奸幻想在性交发生之前就已经出现了，甚至早在青春期之前就出现了，而且频繁得足以引起我们更广泛的兴趣。如果我们假定阴道性行为不存在，我看不出有什么可能的方法来解释这些幻想的起源和内容。这些幻想实际上并没有止步于对暴力行为——通过这种暴力行为，一个人可以得到一个孩子——的不确定想法。相反，这种类型的幻想、梦和焦虑通常相当明确地暴露出一种对实际性过程的本能认识。它们所采取的伪装如此多，我只需要指出其中几个：从窗户或门闯入的罪犯；持枪威胁要开枪的人；在某个地方爬行、飞行或奔跑的动物（如蛇、老鼠、飞蛾）；被刀刺伤的动物或女性；撞上车站或隧道的火车。

我说的是对性过程的"本能"认识，因为我们通常会在还没有从观察或他人的解释中获得相关知识的年龄，在童年早期的焦虑和梦中遇到这类观念。人们可能会问，这种对插入女性身体过程的本能认识，是否必然以对阴道作为接受器官存在的本能认识为前提。如果我们接受弗洛伊德的观点，即"儿童的性理论是以儿童自身的性构造为模型的"，我认为答案是肯定的。因为这只能意味着，儿童的性理论是由自发体验到的冲动和器官感觉所标记和决定的。如果我们承认性理论的这个起源——它已经体现了一种理性阐述的尝试，那么我们就必须承认，在游戏、梦和各种形式的焦虑中找到象征性表达的本能知识，显然还没有达到推理和阐述（elaboration）的领域。换句话说，我们必须假设，青春期特有的对强奸的恐惧，以及小女孩的婴儿焦虑，都是基于阴道器官的感觉或由此产生的本能冲动——这意味着应该有什么东西渗透到身体的那个部位。

对于可能存在的反对意见，我们在这里的回答是：许多梦表明，只有当阴茎第一次残忍地插入身体时，才会出现一个开口。因为如果不是本能——以及潜藏在本能之下的器官感觉——具有被动接受的目的，这样的幻想根本就不会产生。有时，这种类型的梦所产生的联系非常清楚地表明这种特殊观念的起源，因为偶尔会发生如下情况：当对自慰的有害后果产生一种普遍的焦虑时，患者就会梦到她正在做针线活，突然出现了一个洞，她为此感到羞耻；她正在过河，或者在桥上跨过一个突然从桥中间出现的裂口；她正沿着一个很滑的斜坡走着，突然开始滑动，有掉下悬崖的危险。从这样的梦境中，我们可以推测出，当这些患者还是孩子、沉迷于性爱游戏时，她们被阴道的感觉所引导，发现了阴道本身。她们的焦虑表现为一种恐惧，即她们在不该有洞的地方钻了一个洞。我要在这里强调，我从来没有完全相信弗洛伊德的解释，为什么女孩比男孩更容易和更频繁地抑制生殖器自慰。正如我们所知，弗洛伊德假设（阴蒂）自慰对小女孩来说是令人厌恶的，因为与阴茎的比较打击了她们的自恋①。当我们考虑到性欲冲动背后的驱力时，自恋性的屈辱在重量上似乎并不足以产生抑制。此外，她们对自己在那个部位造成了无法弥补的伤害的恐惧，很可能强大到足以阻止阴道自慰，并迫使女孩将这种行为限制在阴蒂上，或者永久地使她们反对一切生殖器自慰。我相信，在与男性的比较中，我们有进一步的证据证明这种早期对阴道伤害的恐惧，我们经常从这类患者那里听到，她们说男性的内心深处"封闭得太好了"。同样，女人因自慰而产生的那种最深的焦虑，那种对自慰使她们不能生育的恐惧，似乎与身体内部有关，而不是与阴蒂有关。

这是支持阴道早期兴奋的存在和意义的另一个观点。我们知道观察性行为会让孩子产生兴奋。如果我们接受弗洛伊德的观点，我们就必须假设，这种兴奋在小女孩身上产生的阴茎冲动，大体上和在小男孩身上产生的一样。但是，我们必须问：在对女性患者的分析中，几乎普遍存在的焦虑——对可能刺穿她们的巨大阴茎的恐惧，从何而来？"阴茎过大"这个概念的起源肯定只有在童年时期才能找到，那时父亲的阴茎一定看起来大得吓人。或者，对女性性别角色的理解——表现在性焦虑（那些早期的兴奋再次出现）的象征意义上，又从何而来？当对"原始场景"的记忆被深情地唤醒

---

① Freud, "Some Psychological Consequences of the Anatomical Distinction between the Sexes," *Int. J. Psycho-Anal.*, Vol. VIII (1927).

时，这种因对母亲的嫉妒而产生的愤怒通常会在对女性的分析中表现出来，对此我们又该如何解释呢？如果当时个体只能分享父亲的兴奋，这又是怎么发生的呢？

让我把上述资料汇总一下。有报告称，有些个体在成年后的性交中，强烈的阴道性高潮会伴随着性冷淡；有个体在没有外在刺激的情况下，其阴道会自发兴奋，但她在性交时表现出性冷淡。在理解早期和性有关的游戏、梦、焦虑，后来对强奸的幻想，早期性观察的反应时，我们产生了反思和疑问。我们还有关于女性自慰焦虑的某些内容和后果的资料。如果把前面所有的资料放在一起，我只能得到一个假设，即从一开始，阴道就扮演着它自己应有的性角色。

与上述思考密切相关的是性冷淡问题。在我看来，性冷淡问题不在于力比多的敏感性是如何传递给阴道①的，而在于性冷淡是如

---

① 弗洛伊德的假设是，性欲可能如此紧密地依附于阴蒂，以至于情感很难或不可能转移到阴道。作为对这一假设的回应，我是否可以大胆地引用弗洛伊德来反对弗洛伊德？正是他令人信服地表明，我们早已准备好抓住快乐的新可能性；即使是没有性特征的过程，例如身体的动作、言语或思想，以及痛苦或焦虑等令人痛苦的经历，也可能被情色化。我们是否可以假设，在为获得快乐提供最佳机会的性交中，女人不愿利用这种机会呢？在我看来，这是一个根本不存在的问题，所以我无法理解多伊奇和克莱茵关于性欲从口腔转移到生殖器的猜想。毫无疑问，在许多情况下，这两者之间存在着密切的联系。唯一的问题是，我们应该把力比多看作"转移性"的，还是认为，当一种口腔态度很早就确立并持续存在时，它也应该在生殖器领域表现出来。

何产生的。阴道，尽管它已经拥有了敏感性，但对非常强烈的力比多兴奋——因伴随性交的身体和情感刺激而产生，要么完全没有反应，要么反应非常小。毫无疑问，只有一种因素比享乐的意志更强烈，那就是焦虑。

现在，我们马上要面对的问题是，这种阴道焦虑或更确切地说，它的婴儿期调节因素意味着什么。分析首先揭示了对男人的阉割冲动，与之相关联的是一种来源复杂的焦虑：一方面，个体害怕她自己的敌对冲动；另一方面，她根据以牙还牙法则预期的报应，即她身体的内容物将被摧毁、偷走或吸出。我们知道，这些冲动本身在很大程度上并不是最近才产生的，而是可以追溯到婴儿期对父亲的愤怒和报复的冲动——这种情绪是由小女孩遭受的失望和挫折所引起的。

梅兰妮·克莱茵描述的焦虑与这些形式的内容非常相似，可以追溯到早期对母亲身体的破坏性冲动。这又是一个关于对惩罚的恐惧的问题。这种恐惧可以表现为各种形式，但其本质一般是，任何穿透身体或已经存在的东西（食物、粪便、孩子）都可能变得危险。

虽然从本质上讲，这些形式的焦虑到目前为止与男孩的生殖器焦虑相似，但它们呈现出一种特征，成为女孩生理构成的一部分。在这篇和更早的文章中，我已经指出了焦虑的这些来源，在这里我只需要总结之前所说的：

（1）这些焦虑首先从父亲和小女孩之间的差异、父亲和孩子的生殖器大小差异产生。我们不必费事去断定阴茎和阴道之间的差异是通过观察推断出来的，还是孩子本能地就理解这件事。可以理解的是，任何想要满足阴道感觉所产生的紧张感的幻想，例如渴望吸纳、接受，都会引起自我方面的焦虑。正如我在文章《对女性的恐惧：关于恐惧异性的性别差异的观察》中所表明的那样，我相信，在这种由生理决定的女性焦虑，不同于男孩最初的生殖器焦虑。当小男孩幻想生殖器冲动的满足时，他们面对的是一个有伤自尊的事实，即"我的阴茎对我妈妈来说太小了"。与此不同的是，小女孩则面临着毁灭——她们身体的一部分被破坏。因此，回到其生物学基础，男人对女人的恐惧是一种生殖器自恋，而女人对男人的恐惧是身体上的。

（2）焦虑的第二个具体来源是小女孩观察成年亲戚的月经。达利[①]强调了这一来源的普遍性和重要性。她脱离所有对阉割的解释，第一次说明了女性身体的脆弱性。小女孩对母亲流产或分娩的观察也明显增加了她们的焦虑。因为在儿童的脑海（当压抑起作用时）和成人的无意识中，性交和分娩之间存在着密切的联系，这种焦虑可能不仅表现为对分娩的恐惧，而且表现为对性交本身的

---

① Daly, "Der Menstruationskomplex," *Imago*, Bd. XIV (1928).

恐惧。

（3）最后，我们有第三个特定的焦虑来源，那就是小女孩对自己早期尝试阴道自慰的反应（同样是由于她们身体的解剖结构）。我认为这些反应的后果在女孩身上可能比在男孩身上更持久，有以下原因：首先，她们实际上无法确定自慰的效果。男孩在对自己的生殖器感到焦虑时，总能再次说服自己生殖器确实存在并且完好无损[1]，而小女孩无法向自己证明，她们的焦虑是没有现实根据的。她们早期尝试阴道自慰的经历，再一次让她们明白自己的身体更脆弱[2]的事实。我在分析中发现，这在小女孩中非常普遍。小女孩在试图自慰或与其他孩子进行性游戏时，会出现疼痛或小伤——通常是由处女膜的微小破裂引起的[3]。

在总体发展良好的地方——在童年时期的客体关系还没有成为冲突源泉的地方，这种焦虑得到了令人满意的控制，于是个体同意走上一条展现自身女性角色的道路。在不利的情况下，焦虑对女

---

[1] 这些真实的情况，以及无意识的焦虑来源的力量必须被考虑在内。例如，一个男人可能因为包皮过长而产生阉割焦虑。

[2] 也许值得回忆的是，妇产科医生威廉·利普曼（其观点并非分析性的）在他的《女性心理学》中说，女性的"脆弱性"是她们的一个性别特征。

[3] 首先，这种经历常常在分析中显现出来，表现为关于生殖器区域受伤的感觉记忆。这种记忆在以后的生活还会因为跌倒而再次被唤起。对此，患者的反应是一种与原因不成比例的恐惧和羞愧。其次，个体可能会有一种强烈的恐惧，担心这种伤害会再次出现。

孩的影响比对男孩的影响更持久。我认为，这一事实表明，对于小女孩，直接生殖器自慰被完全放弃的情况更频繁，或者至少它被限制在更容易接近的阴蒂。通常，与阴道有关的一切——对阴道存在的认识、阴道的感觉和本能冲动——都屈从于无情的压抑。简而言之，小女孩长期坚持阴道不存在，这种虚构也决定了小女孩对男性角色的偏好。

在我看来，所有这些考虑似乎都极大地支持了如下假设，即"未能发现"阴道的背后是对其存在的否认。

早期阴道感觉的存在或阴道的"发现"对我们早期女性性行为的整个概念有多大的重要性，这个问题仍然需要被考虑。虽然弗洛伊德并没有明确地说明这一点，但很明显，如果阴道最初是"未被发现的"，这便是支持生理决定的初级阴茎嫉羡假设的最有力论据。如果没有阴道感觉存在，而是整个性欲都集中在阴蒂上，由阴茎孕育，那么我们只能理解为，因为想要任何具体的快乐来源，或拥有特殊的女性愿望，小女孩必须被驱使把全部注意力集中在阴蒂上，将其与男孩的阴茎进行比较，并且感到自己被轻视了——因为她们在这种比较中实际上处于劣势[1]。我猜想，一个小女孩从一开

---

[1]　多伊奇通过逻辑推理的过程找到了阴茎嫉羡的基础。Deutsch, "The Significance of Masochism in the Mental Life of Women," *Int. J. Psycho-Anal.*, Vol. XI (1930).

始就有阴道感觉和相应的冲动。她必须从一开始就对自己的性别角色有一种生动的感觉，而弗洛伊德所假设的阴茎嫉羡是很难解释这一点的。

在本文中，我已经表明，阴茎性欲的假设对我们整个女性性行为的概念产生了重大影响。如果我们假设有一种特殊的、女性的、原始的阴道性行为，那么前一种假设，在没有完全被排除的情况下，至少是如此严格地限制了这些结果，以至于这些结果变得相当有问题。

第
十
章

功能性女性障碍的心理因素①

———————

① 我在1932年11月芝加哥妇科学会的一次会议上读了这篇文章。这篇文章发表在1933年《美国妇产科杂志》第25卷694期上，由密苏里州圣路易斯市的C. V. Mosby公司出版。

在过去的三四十年间，在妇科文献中有很多关于心理因素对女性疾病的影响。一时间众说纷纭。一方面，有一种倾向是看轻这些因素的影响，例如，有人强调心理因素当然在发挥作用，但认为其作用取决于体质、腺体和其他身体状况。另一方面，我们看到过分看重心理因素影响的倾向。例如，有人不仅倾向于从心理角度寻找假性生殖、阴道痉挛、性冷淡、月经紊乱、呕吐等明显功能障碍的起源，而且声称，心理因素对疾病和紊乱——如早产和产后、某些形式的子宫炎、不育症和某些形式的白带——的影响不容置疑。

　　由于巴甫洛夫的实验已经把生理变化放在了经验的基础上，因此心理刺激可以带来生理变化这一事实是毋庸置疑的。我们知道，通过刺激食欲，胃的分泌会受到影响；在恐惧的影响下，心率和肠蠕动会加快；某些血管收缩性变化，例如脸红，可能是羞耻反应的表现。

　　我们也对这些刺激从中枢神经系统到周围器官所遵循的路径有相当精确的了解。

　　从这些简单的联系到提出痛经是否会由心理冲突引起，似乎是一个很大的飞跃。然而，我认为根本的区别不在于过程本身，而在于方法论。你可以安排一个能够刺激人的食欲，以测量胃腺分泌的实验情境。当你给出某种惊吓刺激时，可以精确地测量出一个人胃液分泌的变化，但你无法安排一个导致痛经的实验情境。痛经背后的情绪过程太过复杂，无法在实验情境中建立起来。即使你可以通过实验让一个人暴露在某些非常复杂的情绪条件下，你也无法指望有任何具体的结果，因为痛经从来都不是仅仅一次情绪冲突的结果，而总是有一系列的情绪前提，这些前提的基础是在不同的时间奠定的。

出于这些原因，通过实验来了解这些问题是不可能的。一种可以向我们揭示某些心理力量和某种症状——例如痛经——联系的方法，显然必须是历史性的。它必须使我们能够通过非常详细的生活史了解一个人的特定心理结构，以及心理与症状之间的关系。

在我看来，只有一种心理学流派能够以科学的精确性提供这样的洞见，那就是精神分析。在精神分析中，你可以了解心理因素的本质、内容和动态力量，因为它们在现实生活中是有效的——如果一个人想要科学地讨论心理因素是否会导致功能障碍的问题，这些知识是必不可少的。

在这里，我不打算详细介绍这种方法，而只会以一种非常简洁的形式介绍一些在分析工作中发现的对理解功能性女性障碍至关重要的心理因素。

我从一个事实开始，这个事实通过它的连续重复引起了我的注意。我的女患者们因为各种各样的原因——各种焦虑状态、强迫性神经症、抑郁症、工作和与人接触时的压抑、性格问题——来接受分析。每一位神经症患者的性心理生活都受到了干扰。她们与男人或与孩子或两者的关系在某种程度上受到严重阻碍。令我震惊的是：在这些非常不同类型的神经症中，没有一个病例没有生殖器系统的功能障碍：各种程度的性冷淡，阴道痉挛，月经紊乱，瘙痒，疼痛，分泌物异常（没有生理基础，在揭示某些无意识冲突后消失），各种各样的疑病症恐惧（比如对癌症或不正常的恐惧），以及怀孕和分娩相关的紊乱。

这里出现了三个问题：

（1）一方面是性心理生活紊乱，另一方面是功能性女性障碍，这种巧合可能非常引人注目——但这种巧合是有规律的吗？

精神分析师的优势在于非常透彻地了解一些案例，但毕竟，即使是忙碌的精神分析师也只看到相对较少的案例。我们发现我们的结果得到了其他观察结果和人类学事实的证实。关于我们发现的相关现象的频率和有效性问题，妇科医生可能会在未来给出答案。

当然，对她们来说，做这项调查需要时间和心理训练。如果只把投入实验室工作的一部分精力投入到心理训练中，肯定会有助于厘清问题。

（2）如果我们假定这种巧合有规律地存在，那么性心理障碍和功能障碍不都是在体质或腺体条件的共同基础上产生的吗？

我现在不想对这些非常复杂的问题进行详细的讨论，而只想指出，根据我的观察，这些功能因素和情绪障碍并不是经常共存的。例如，有些性冷淡的女人有着鲜明的男性态度，对女性角色有强烈的厌恶感。这一群体中的一些人的第二性征——声音、头发、骨骼，偏向男性化，但大多数人都有绝对的女性习性。在这两个群体中——男性化的和明显女性化的，你可以发现情感变化是从什么冲突开始的。但只有在第一组中，冲突才会在生理基础上产生。我的印象是，只要我们对生理因素及其对后来态度的特殊影响还不够了解，过于严格地假设一种联系就是伪命题。此外，如果忽视心理因素，这样的假设会导致非常危险的治疗后果。例如，在哈尔班和塞茨撰写的德国妇科教科书中，其中一位贡献者马特斯描述了一个女孩因患有一年半的痛经而寻求治疗的案例。她告诉他，她在一次舞会上感冒了。后来，他发现她和一个男人发生了性关系。她告诉马特斯，这个男人让她有强烈的性唤起，她也会被他激怒。由于她代表了所谓的"双性恋类型"，马特斯建议她放弃这个男人，因为她是那种在性关系中永远不会快乐的人。她试着听从他的建议，两次来月经都没有痛感。后来她又开始了她的恋爱，痛经又来了。这似乎是基于非常浅薄的知识得出的一个相当激进的治疗结论。

从治疗的角度来看，我们似乎最好从心理层面看可能由某种生理因素引起的冲突，特别是因为我们经常看到没有生理因素的冲突。

（3）第三个问题是：性心理生活中的某些心理态度和某些功能性生殖器紊乱之间是否存在某种特定的关联？不幸的是，人性并没有那么简单，我们的知识储备还不足以让我们做出非常明确和严格的陈述。事实上，你会在所有这些患者身上发现某些基本的性心理冲突。这些冲突对应的事实是，所有患者都存在某种程度的性冷淡——至少是一种过渡性的性冷淡，但在与某些功能性症状的规律相关性中，一些特定的情绪和因素起着主导作用。

以性冷淡为基本的紊乱，人们总会发现下列心理态度：

首先，性冷淡的女人对男人有一种非常矛盾的态度，这种态度总是包含怀疑、敌意和恐惧的因素。这些因素很少是完全公开的。

例如，有一个患者有意识地相信，所有的人都是罪犯，应该被处死。这种信念是她认为性行为是血腥和痛苦的自然结果。她认为每一个结婚的女人都是女英雄。一般来说，你会发现这种对抗是以一种伪装的形式出现的；你也可以从患者的行为中，而不是从她们的言语中，洞察到患者对男人的真实态度。女孩可能会坦率地告诉你，她们有多在乎男人，有多倾向于把男人理想化，但同时你可能会看到，她们很可能会在没有任何明显理由的情况下，非常粗鲁地抛弃"男朋友"。举一个典型的例子：我有一个患者X，她和男人的性关系相当友好。这种关系持续的时间从来没有超过一年左右。每隔一段时间，她就会对当时的男人越来越恼火，直到她再也受不了他。然后她就找借口和男人分了手。事实上，她对男人的敌意冲动变得如此强烈，以至于她害怕自己会伤害他们，于是避开了他们。

有时患者会告诉你，她们觉得自己对丈夫很忠诚，但更深入的调查会让你看到所有那些在日常生活中出现的微小但非常令人不安的敌意迹象，比如对丈夫根本性的贬低态度，轻视他们的优点，远离他们的兴趣或他们的朋友，提出过多的经济要求或进行安静但持续的权力斗争。

在这些情况下，你不仅可以得到一个明显的印象，即性冷淡是敌意暗流的直接表现，而且在分析的某些高级阶段，你还可以非常准确地追踪到，当对男人的一种新的内心厌恶的来源被揭示出来时，这种性冷淡是如何开始的，以及当这些冲突被克服后，这种性冷淡又是如何停止的。

男人和女人的心理在这方面有明显的差别。一般情况下，相较于男性，女性的性欲与温柔、感觉、情感的联系紧密得多。一个普通的男人即使对一个女人没有特别的感情，也不会在她面前阳痿。相反，性生活和爱情生活之间往往有一种分裂，以至于在极端病态的情况下，这样的男人只能与一个自己不关心的女人发生性关系，并且我们可以感觉到，他们对一个自己真正喜欢的女人没有性欲，甚至无能为力。

在大多数女人身上，你会发现性感觉和她们的整个情感生活之间有着更紧密的统一关系，这可能是由于明显的生物学因素。因此，暗地里怀有敌意的态度很容易表现为无法在性方面给予或接受性。

这种对男人的防御态度并不需要是根深蒂固的。在一些案例中，能够唤醒这些女人柔情的男人也许完全能够克服她们的性冷淡，但在另一些案例中，这种敌对防御的态度是非常深刻的，如果女人要摆脱它，就必须暴露它的根源。

在第二类案例中，你会发现，对男人的敌对情绪是在童年早期就习得的。要理解早期生活经验的深远影响，不需要了解太多的分析理论，只需要明确两点：孩子天生就有性感觉，这种感觉可能比我们这些压抑的成年人强烈得多。

你会在这些女人的个人历史中发现，在她们早期的爱情生活中可能有深深刻下的失望印记：她们对一位父亲或兄弟柔情依恋，他们却令她们失望；或者有一个喜欢自己的兄弟；或者是一种完全不同的情况，就像下面这种情况。一位患者在她11岁的时候引诱了她的弟弟。几年后，这个弟弟死于流行性感冒。她有强烈的罪疚感。

尽管如此，30年后，当她来接受分析时，她还是确信是她造成了弟弟的死亡。她相信，由于她的引诱，弟弟开始自慰，而他的死就是他自慰的结果。这种罪疚感让她痛恨自己的女性角色。她想成为一个男人，相当露骨地嫉妒男人，尽可能地让他们失望，有激烈的阉割梦和幻想，绝对性冷淡。

顺便说一句，这个案例对阴道痉挛的心理发生有了一些启示。患者在结婚四周后做了处女膜破裂手术。尽管她的处女膜没有任何异常，她的丈夫也很有能力，但她还是选择让外科医生给她做手术。这种痉挛部分是她对女性角色的强烈厌恶的表现，部分是一种防御机制——防止她对那个令人羡慕的男人产生阉割冲动。

这种对女性角色的厌恶往往会产生巨大的影响，不管这种厌恶是如何开始的。在一个案例中，患者有个父母双方都喜欢的弟弟。患者对弟弟的嫉妒毒害了她的一生，尤其是她与男人的关系。她自己也想成为一个男人，在幻想和梦中扮演着这个角色。在性交过程中，她有时会意识到自己有性别互换的愿望。

你会在这些冷淡的女人身上发现另一种更重要的冲突——与母亲或姐姐的冲突。对母亲的感觉可能是不同的。有时这些患者在治疗之初甚至深信，她们与母亲的关系只有积极的一面。也许她们已经对这样的观察感到震惊：尽管她们渴望得到母亲的爱，但实际上她们一直和母亲反着来。在某些案例中，甚至存在明显的女儿对母亲的仇恨。即使她们能够意识到冲突的存在，她们也不知道冲突的根本原因，以及冲突对自己的性心理生活有什么影响。在她们心中，母亲可能一直代表着禁止性生活和性快感的人。一位人类学家最近报告的一种原始部落习俗可以解释这些冲突的普遍存在。这种习俗是：父亲去世后，女儿们留在死者的房子里，儿子们则离开——因为他们担心死去的父亲的灵魂可能会对他们怀有敌意，伤害他们；当母亲去世时，儿子们留在房子里，但女儿们离开——因为她们担心母亲的灵魂可能会杀死她们。这种习俗表达了我们在对性冷淡的女人的分析中发现的同样的对抗和对报复的恐惧。

在这里，不知道分析过程的人可能会问：如果这些冲突对患者来说是无意识的，你怎么能如此肯定地相信它们存在，并且它们起着特殊的作用？这个问题有一个答案，然而对于缺乏分析经验的人来说，这个答案可能很难理解。患者过去的非理性态度被重新激活并且指向精神分析师。例如，患者X有意识地对我有一种深情的态度，尽管这种态度总是夹杂着一些恐惧，但当她对母亲的老旧的仇恨逐渐浮出水面时，她在候诊室里恐惧得浑身发抖，并且在我身上看到了某种无情的邪灵。很明显，在这些情况下，她把对母亲的一种旧的恐惧转移到了我身上。有一件特别的事使我们了解到对那位令人生畏的母亲的恐惧在她的性冷淡中所起的重要作用。在分析中，当她的性禁忌已经减弱时，我离开了两个星期。事后她告诉我，有一天晚上她和几个朋友在一起，喝了点酒，但没有超过她平时能承受的程度，她不记得后来发生了什么。她的男朋友告诉她，她当时非常兴奋，要求性交，并达到了完全的高潮（在那之前她一直性冷淡），而且她好几次用一种得意的声音喊道："我有霍妮假期。"我，在她的幻想中是一个令人生畏的母亲，不在她身边，因此她可以毫无畏惧地做一个可爱的女人。

另一个患有阴道痉挛、后来性冷淡的患者把她对母亲的恐惧，尤其是对比她大八岁的姐姐的恐惧，转移到了我身上。这位患者曾多次尝试与男性建立关系，但总是因为她的情结而失败。通常在这种情况下，她会对我感到愤怒，有时甚至会表达一种相当偏执的想法，认为我让那个男人远离了她。虽然她理智地意识到，是我想帮助她找到适应的方法，但她对姐姐的旧恐惧占了上风。而就在她第一次和男人发生性关系的时候，她立刻做了一个焦虑的梦，梦里姐姐在追她。

在每一个性冷淡的案例中，都有其他的心理因素参与其中，我现在要提到其中的一些。但我不打算深入探讨它们与性冷淡之间的联系，只指出它们对某些功能障碍可能具有的重要影响。

最重要的是，对自慰的恐惧可能对心理态度和身体过程产生影响。众所周知，由于对自慰有这样的恐惧，几乎每一种疾病都可以被认为是这种恐惧的结果。这些恐惧在女性身上经常表现为一种特殊的形式，即害怕自慰会损害生殖器官。这种恐惧往往与一个非常奇妙的想法联系在一起，即她们曾经像男孩一样被阉割。这种恐惧可能会以不同的形式表现出来：

（1）对不"正常"的一种模糊而深刻的恐惧。

（2）对疾病的恐惧。她们可能会产生没有器官基础的疼痛和分泌物，这促使她们寻求医生的建议。然后她们会得到暗示性的治疗或某种安慰，感觉会好一些——但恐惧自然又回来了，她们又带着同样的抱怨回到了诊室。有时，这种恐惧使她们坚持要做手术。她们总觉得自己的身体出了问题，只能通过手术等激进手段改善身体状况。

（3）这种恐惧可能进一步表现为：因为我伤害了自己，我将永远不能有孩子。在非常年幼的女孩中，这种恐惧有时可能是有意识的。但这些年轻的患者通常会首先告诉你，她们觉得生孩子很恶心，从来不想要孩子。直到很久以后你才知道，这种厌恶的感觉对她们来说是一种"酸葡萄心理"的反应——为了反对她们早先非常强烈的想要很多孩子的愿望，而上述恐惧导致她们否认了这个愿望。

可能有许多相互矛盾的无意识倾向与想要孩子的愿望有关。母性的本能可能会被某些无意识的动机所抵消。我现在不能细说，只能提一种可能性：对于那些在内心深处强烈希望成为男人的女人来说，怀孕和做母亲，这两种代表着同等女性成就的东西，具有更大的意义。

不幸的是，我从未见过一例假孕，但它很可能也是无意识地强化了想要孩子的愿望的结果。当然，暂时的闭经会表明不惜任何代价都想要一个孩子的愿望。每个妇科医生都认识这样的女性，她们异常紧张和沮丧，但只要怀孕，她们就会非常开心。对她们来说，怀孕也代表着一种特殊的满足感。

在我想到的这些案例中，得到强化的与其说是关于生孩子、哺育和爱抚的想法，不如说是关于怀孕本身的想法——把孩子孕育在自己的身体里。怀孕的状态对她们来说有一种微妙的自恋价值。我遇到过两个过期妊娠的案例。现在下结论还为时过早，但带着批判性的谨慎态度，我们至少可以想到这样一种可能性，即无意识地希望把孩子留在肚子里，这可能是一些过期妊娠案例的解释。

有时起作用的另一个因素是对分娩时死亡的强烈恐惧。这种恐惧本身可能是有意识的，也可能不是有意识的。恐惧的真正来源从来都不是有意识的。根据我的经验，其中一个重要因素是对怀孕母亲的一种老旧的敌意。我想到一个患者，她曾极度害怕死于难产，想起自己小时候曾多年焦急地注视着母亲，看她是否再次怀孕。她每次在街上看到孕妇，都会有一种想踢子宫的冲动，自然会有一种报复的恐惧，害怕同样可怕的事情发生在自己身上。

　　此外，母性本能可能会被无意识的对孩子的敌对冲动所抵消。这里非常有趣的问题是，这种冲动对呕吐、早产和产后抑郁有什么可能的影响。

　　话题再次回到对自慰的恐惧。我已经提到过，这种恐惧可能是由于患者认为自己的身体受到了伤害，可能导致患者的疑病症。这种恐惧可能还有另一种表达方式：对月经的态度。被伤害的想法让这些女性怨恨自己的生殖器，把它当作一种伤口，因此，月经在情感上被认为是对这种假设的佐证。对这些女性来说，出血和伤口之间有着密切的联系。由此可以理解，对于这些女性来说，月经永远不可能是一个自然的过程，她们会对月经产生深深的厌恶感。

　　这让我想到了月经过多和痛经的问题。当然，我说的只是那些没有器质性原因的病例。理解任何功能性月经紊乱的基础是这样的：此时生殖器官中身体过程的精神等量物是力比多张力的增加。一个性心理发展充分的女性，在遇到这种情况时不会有任何特别的困难。但也有许多女性很难保持平衡，对她们来说，这种力比多张力的增加是压垮骆驼的最后一根稻草。

　　在这种紧张之下，各种幼稚的幻想会复活，尤其是那些与流血过程有某种联系的幻想。这些幻想通常会很强烈，让她们认为性行为是残忍、血腥和痛苦的。我毫无例外地发现，这种幻想对所有月经过多、痛经的患者都起着决定性的作用。在青春期后，痛经通常是在患者接触到成人性问题的时候开始的。

我会试着举几个例子：我的一个患者，在想到性交时总是痛经，有关于血的幻想。在分析中我发现，可以从某些童年记忆中找到这种幻想的决定因素，这种幻想是在某些特定情况下出现的。

她是八个孩子中最大的一个，她最可怕的记忆与一个新生儿的出生有关。她听到母亲的尖叫，看到一盆盆的血从母亲的房间里被端出来。对她来说，分娩、性和血之间的早期联系是如此紧密，以至于有一天晚上，母亲肺部出血，她立即将出血与父母之间的性关系联系起来。她的月经让她重新唤起了这些古老的婴儿时期的印象和对非常血腥的性生活的幻想。

我刚才提到的那个患者，痛经很严重。她自己也很清楚，她真实的性生活与各种虐待幻想有关。每当她听到或读到残忍的事情时，她就会感到性唤起。她描述自己来月经时的疼痛，就像她的五脏六腑被撕了出来。这种具体的形式是由婴儿期的幻想所决定的。她记得小时候曾有过这样的想法：在性交时，男人会从女人身上扯出什么东西来。在痛经时，她情绪化地把这些古老的幻想表演出来。

我想我关于心理因素的许多陈述可能听起来完全是异想天开的——尽管也许所有这些都不是真正的异想天开，而只是与我们通常的医学思维不同。如果一个人想要的不仅仅是感情上的判断，那么只有一种科学上有效的方法——对事实进行检验。这种揭示指明了特定的心理根源，症状在这个过程中消失，但是这并不能证明是揭示过程带来了这种治疗效果。任何有技巧的建议都可能产生同样的结果。

在这里的科学检验应该像在其他科学领域的一样。我们应该运用自由联想的精神分析技术，看看结果是否相似。任何不符合这一要求的判断，都缺乏科学价值。

然而，在我看来，为了揭示某些心理因素和某些功能障碍的具体相关性，妇科医生还有另一种方法。只要给患者一些时间和关注，至少她们中的一些人会很容易地揭示她们的冲突。我认为这种处理方式甚至可能有一些直接的治疗价值。正确的分析只能由接受过充分精神分析训练的医生来完成。这是一个不亚于手术的过程。不仅有大手术，也有小手术。小的心理治疗包括处理最近的冲突，并揭示它们与症状的联系。我们可以很容易地扩展在这方面已经完成的工作。

这种可能性只有一个限制。我们必须认识到，如果我们希望避免错误——尤其是那些可能激起自己无法应付的情绪的错误，就必须有全面的心理学知识。

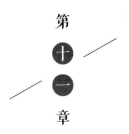

第十一章

母性冲突①

---

① 在1933年美国矫形精神病协会会议上被提出。转载自《美国骨科精神病学杂志》第3卷第4期（1933年10月）。

在过去的三四十年间，人们对母亲天生的教育能力有截然不同的评价。大约30年前，母性本能被认为是养育孩子的可靠指南。当这被证明是不够的时候，随之而来的是对教育理论知识被过分强调。不幸的是，事实证明，配备科学教育理论的工具并不比母性本能更能保证在教育孩子时不出错。现在，我们正处在重新强调母子关系的情感方面的时期。然而，这一次，我们不是带着一个关于本能的模糊概念，而是带着一个明确的问题：哪些情感因素会干扰理想的态度？它们的来源又是什么？

　　在分析母亲时，我们会看到各种各样的冲突，我不想讨论这些冲突，在这里我只想提出一种特殊的类型。在这种类型中，母亲与父母的关系反映在她们对孩子的态度上。我脑海中有一个例子。曾经有一个35岁的女人来找我。她是一名教师，天赋异禀，才华横溢，个性鲜明，总体来说身材匀称。她有两个问题，其中之一是得知丈夫欺骗她与另一个女人在一起后，她患上了中度抑郁症。她自己是一个道德标准很高的女人，她的教育和职业加强了她的道德标准，但她被培养了一种对他人宽容的态度，因此她对丈夫自然存在的敌意反应并不是她在意识层面能接受的。尽管如此，对丈夫的信心丧失影响了她对生活的态度，使她陷入了困境。她的另一个问题与她13岁的儿子有关。他患有严重的强迫性神经症，并处于焦虑状态。分析表明，这与他对母亲不同寻常的依恋有关。这两个问题都得到了圆满的解决。然后过了五年她才回来，这次带着上次一直隐藏的困难。她曾说过，她的一些男学生对她表现出的不仅仅是柔情——事实上，有证据表明，有些男孩热烈地爱上了她，她问自己，她是否与激发这种激情和爱情有什么关系。她觉得自己对待这些学生的态度有错。她责备自己对这种激情和爱的反应过于情绪化，并沉溺于严厉的自责之中。她坚定地认为我必须谴责她，当我没有这样做时，她表示怀疑。我试图安慰她，告诉她这种情况并没有什么特别之处，如果一个人能够在一个领域里如此紧张地工作，做出真正优秀的创造性工作，那么其更深层的本能就会发挥作用，这是很自然的。这种解释并没有使她感到宽慰，因此我们不得不寻找这些关系的更深层次的情感根源。

最后得出的结论是这样的。首先，她自己感情的性本质变得明显。其中一个男孩跟着她去了她接受精神分析的城市，她居然爱上了这个二十岁的男孩。这个泰然自若、克制的女人与自己、与我斗智斗气，与想要和一个不成熟的男孩建立爱情关系的冲动做斗争，与所有她认为是爱情关系唯一障碍的传统障碍做斗争，这是相当引人注目的。

这种爱其实并不适合这个男孩本人。这个男孩和其他男孩，以一种明显的方式，代表了她父亲的形象。所有这些男孩都有某种生理上和心理上的趋向，使她想起父亲。这些男孩和父亲经常在梦中以同一个人的形象出现。

她开始意识到，在她青少年时期对父亲相当激烈的反对背后，隐藏着对他深沉而热烈的爱。在父亲固着（father fixation）的情况下，个体通常表现出对年长男性的明显偏好，因为他们似乎使人联想到父亲。在这种情况下，婴儿时期的关系是相反的。她解决问题的尝试在幻想中表现为："我不是得不到我那高不可及的父亲的爱的小孩子，如果我长大了，那么他就变小了，我就是母亲，我父亲就是我儿子。"她记得父亲去世时，她的愿望是躺在他身边，把他抱在自己的胸前，就像一个母亲对待孩子那样。

进一步的分析表明，这些男孩仅仅代表了她对父亲的爱的移情的次级阶段。她的儿子是这种移情的第一个接受者，然后她把它转向这些和她儿子同龄的男孩，以免她把注意力集中在一个乱伦的客体上。她对学生的爱是一种逃避，是她对儿子的爱的次级形式。她的儿子代表了她父亲的最初化身。一旦她意识到自己对男孩的激情，她对儿子的巨大紧张感就减弱了。到目前为止，她坚持每天都要收到儿子的来信，否则她就会非常担心。当她对其他男孩的热情占据了她的心时，她对儿子的过度情感负担立刻减少了。这表明其他男孩实际上代替了她自己的儿子。她的丈夫比她年轻，性格也比她弱得多，她和他的关系很明显是母子关系。儿子一出生，她和丈夫的关系对她来说就失去了感情上的意义。事实上，正是她对儿子的情感过度投入，让他在青春期开始时，出现了严重的强迫性神经症。

我们的一个基本分析概念是，性行为不是在青春期开始的，而是在出生时开始的，因此我们早期的爱的感觉总是带有性的特征。正如我们在整个动物王国中看到的那样，性意味着不同性别之间的吸引。我们能够在人类的童年时期看到这一点，因为女儿本能地更喜欢父亲，儿子本能地更喜欢母亲。对同性父母的竞争和嫉妒是这种根源的冲突的原因。在上面的例子中，我们看到冲突以一种悲剧性的方式发生，因为它在三代人之间不断显现。

我在五个案例中看到过这种从父亲到儿子的移情。这种对父亲的感情的恢复通常是无意识的。对儿子的感情的性本质只有在两个案例中是有意识的，并且通常被意识到的只是母子关系的高情感负荷。要理解这种关系的特点，我们必须认识到，就其本质而言，这种关系是一种受干扰的关系。不仅是乱伦的性成分从婴儿期与父亲的关系那里转移了，而且那些敌意成分也发生了转移。某种敌意情感的残余是不可避免的，这是同样不可避免的影响——由嫉妒、挫折和内疚情绪引起——的结果。如果对父亲的感情转移到了儿子身上，儿子不仅会得到爱，还会得到旧的敌意。通常，这两种情感都会被压抑。爱与恨之间的冲突可能有意识地表现为过度关心的态度。这些案例中的母亲会看到她们的孩子不断受到危险的困扰。她们有一种被夸大的恐惧，担心孩子们可能会生病或被感染，遇到意外事故。她们对照顾孩子非常热心。我们刚才谈到的那个女人完全投入照顾儿子的工作中，因为她看到儿子周围有无数的危险。当他还是个小男孩的时候，他身边的一切都必须消毒。后来，如果他遇到一点小意外，她也会留在家里不去工作，全心全意地照顾他。

在其他案例中，这样的母亲不敢碰儿子，因为害怕伤害到儿子。我记得有两个女人专门雇了护士来照顾小儿子——虽然这笔费用不符合她们的预算，而且护士的出现，从情感方面来说，也给这个家庭带来了极大的不便。然而，她们心甘情愿忍受护士存在的痛苦，因为护士保护儿子免受所谓危险的作用太重要了。

这些母亲过于关心孩子的态度还有另一个原因。她们的爱带有被禁止的乱伦之爱的性质，她们不断地感到儿子被从她们身边夺走的威胁。例如，一个女人梦见她抱着儿子站在教堂里，她不得不把他献给某个可怕的母神。

父亲固着的另一个复杂原因通常是母女之间存在的嫉妒。母亲和成熟的女儿之间存在一定程度的竞争是很自然的事情。但当母亲自身的俄狄浦斯情结造成了过于强烈的竞争意识时，这种竞争可能会以怪诞的形式出现，并在女儿幼年时期早早开始。这样的竞争可能表现为恐吓女儿，努力嘲笑和贬低她们，阻止她们看起来有吸引力或遇到男孩等——总是怀着阻挠女儿女性化发展的秘密目的。虽然在各种表现形式背后的嫉妒可能很难察觉，但整个心理机制是一个简单的基本结构，因此不需要详细描述。

一个女人或许会感到一种特别强烈的与母亲而非父亲的联系，让我们来看看这种情况。在我分析过的这类案例中，某些特征一直很突出：一个女孩可能很早就有理由对自己的女性世界产生厌恶，也许是因为她的母亲恐吓过她，或者她从父亲或兄弟那里经历了幻灭；她可能很早就有过令她害怕的性经历；也可能是她发现哥哥比自己更受青睐。

由于这一切，她在情感上背离了自己天生的性角色，发展出了男性化的倾向和幻想。男性化的幻想一旦确立，就会导致对男性的竞争态度，而这种态度又会增加对男性的原始怨恨。很明显，持有这种态度的女性并不十分适合婚姻。她们性冷淡，很难得到满足，并且她们的男性化倾向会以希望占据支配地位的形式表现出来。当这些女人结婚生子时，她们可能会对孩子表现出一种夸张的依恋——这种依恋通常被描述为一种被压抑的性欲，指向孩子。这种描述虽然是正确的，但并没有对正在发生的特定过程提供任何洞见。认识到这种发展的起源，我们就可以把这些单一的特征理解为试图解决某些早期冲突的结果。

男性化倾向表现在女性的霸道态度和绝对控制孩子的欲望上。或许，她们可能害怕这一点，因此对孩子过于宽松。她们可能会无情地窥探孩子们的事情，或者她们可能会害怕其中的虐待倾向而保持被动，不敢干涉孩子。出于对女性角色的怨恨，她们在教育孩子时，会告诉他们男人是野兽，女人是受苦的生物，女性角色可怜、令人厌恶，月经是一种疾病（"诅咒"），性交是对丈夫欲望的牺牲。这些母亲不能容忍任何性表达，尤其是女儿的性表达。

这些男性化的母亲往往会对女儿产生一种过度依恋，就像其他母亲对儿子产生的依恋一样。通常，女儿也会对母亲产生过于强烈的依恋。女儿与自己的女性角色疏远了，所有这些因素的结果是，她们发现在以后的生活中很难与男人建立正常的关系。

以另一个重要的方式，孩子们可以实际地、直接地恢复父母的形象和作用。在婴儿和青少年时期，父母不仅是爱和恨的对象，而且也是婴儿恐惧的对象。在我们的人格中融入父母的可怕形象，在很大程度上形成了我们的良心，特别是无意识的部分——我们称之为超我。

这种老旧的婴儿期恐惧，一旦固着于父亲或母亲，就可能转移到孩子身上，并可能导致对他们产生一种巨大而模糊的不安全感。这在美国尤其如此，原因很复杂。父母的这种恐惧主要表现为两种形式。他们害怕不被孩子认可，害怕自己的行为——喝酒、抽烟、发生性关系，会被孩子批评。或者他们不停地担心自己是否给了孩子适当的教育和训练。究其原因，是他们对孩子有一种隐秘的罪疚感，这种罪疚感要么导致他们为了避免孩子的反对而过度溺爱孩子，要么导致他们公开的敌意——他们本能地把攻击作为一种防御手段。

这个问题并没有穷尽。孩子与父母的冲突有许多间接的后果。我的目的是要弄清楚孩子代表旧形象，从而强迫性地激发曾经存在的情感反应的方式。

可能会有人问："这些不同的见解在我们引导孩子以及改善抚养孩子的条件的努力中有什么实际用途？"在单个案例中，对母亲冲突的分析将是帮助任何孩子的最佳方式，但这不能在广泛的范围内进行。然而，我认为，通过分析这些不多的案例所获得的详细知识，可能会指出遗传因素真正存在的方向，为今后的工作提供指导。此外，了解致病因素出现的伪装形式，可能有助于在目前的工作中更容易地发现致病因素。

对爱情的高估：关于普遍存在的
现代女性类型的研究[①]

———————

① *The Psychoanalytic Quarterly*, Vol. III (1934), pp. 605-638.

女性为实现独立和扩大其利益和活动领域所做的努力不断受到怀疑，人们坚持认为她们应该只在面对经济需要时才做出这种努力，而且这些努力违背了她们的内在人格和自然倾向。因此，所有这类努力都被认为对女人没有任何重要意义，女人的每一个想法都应该完全集中在男人或孩子上，就像玛琳·黛德丽的著名歌曲中所表达的那样，"我只知道爱，别的什么都不知道。"

在这方面，有各种社会学的考虑。然而，它们太让人熟悉和太过显而易见，因此不需要得到讨论。这种对待女人的态度，无论其基础是什么，无论怎么被评价，都代表了男权主义的女性理想，代表了女人唯一的渴望就是爱一个男人，被他爱，崇拜他，为他服务，甚至以他为榜样。持这种观点的人错误地从女性的外在行为中推断出存在一种与生俱来的本能倾向。然而，实际上，我们不能这样理解，因为生物因素从来没有以纯粹和不加掩饰的形式表现出来，而总是被传统和环境改变。正如布里法特最近在《母亲》一书中详细指出的那样，无论我们如何估计继承的传统对理想和信仰、对情感态度和本能的修正性影响，都不过分①。然而，对于女性来说，继承的传统意味着将她们在一般活动中的参与（最初可能是非常可观的）限制在情欲和母性的更窄范围。对承袭传统的坚守，让社会和个人都履行了某些日常职能。它们的社会意义，我们在这里就不谈了。从个体心理学的角度来看，一方面，这种心理构造有时对男性来说是一件非常不便的事情；另一方面，这是男性的自尊始终可以得到支持的源泉。相反，对女人来说，由于几个世纪以来自尊心的降低，坚守传统为她们提供了一个平静的避风港，在那里，她们不必为培养其他能力和面对批评和竞争时坚持自我而付出努力和感到焦虑。因此，单从社会学的角度来看，可以理解的是，现在的女性遵从让自我能力独立发展的冲动，其代价是与外部的反对和她们内心的抵制——这些抵制是由女性的排他性功能的传统理想的强化所造成的——做斗争。

我们可以毫不夸张地说，目前每一个敢于开创自己事业，同时不愿为自己的胆识付出放弃女性特质的代价的女性，都面临着这种矛盾。因此，这里所讨论的冲突是由女性地位的改变所决定的，并且只限于从事某种职业的女性、追求特殊兴趣的女性或者渴望人格

---

① 《母亲》第253页："在农业带来的伟大经济革命中，原始社会所建立的性劳动分工被废除了。女人不再是主要生产者，而是在经济上变得低效、贫困和依赖……女人唯一剩下的经济价值就是她的性别。"

独立发展的女性。

社会学的洞见使人充分认识到这类冲突的存在，认识到它们的必然性，并大致认识到它们的许多表现形式及其深远的影响。它使人能够理解如何产生各种不同的态度——从完全否定女性气质的极端到完全拒绝智力或职业活动的极端。

这一研究领域的界限是由以下这些问题划定的：为什么在特定的案例中，冲突会以特定的形式出现？为什么有些女人会因为这种冲突而生病，并且在发展她们的潜能方面受到相当大的损害？个人方面的哪些诱发因素是导致这样的结果所必需的？冲突会带来什么样的结果？在个体命运问题出现的时候，一个人就进入了个体心理学的领域——实际上是精神分析的领域。

以下给出的观察结果并非出于社会学的兴趣，而是源于我在对一些女人的分析中遇到的某些明确的问题——这些问题迫使我们考虑造成这些问题的具体因素。本报告基于我自己的七个精神分析案例，以及我通过参加精神分析会议熟悉的一些其他案例。这些患者中的大多数基本上没有先天症状；两名患者有典型抑郁的倾向，偶尔会出现疑病焦虑；两人有罕见的癫痫发作。但是，在每一个案例中，即使症状出现，也都会被与患者的某些问题——与男人和工作的关系有关——所掩盖。正如经常发生的那样，患者或多或少能够清楚地感觉到，她们的问题是由她们自己的性格引起的。

要把握其中的实际问题绝非一件简单的事。第一印象只不过是这样一个事实：对这些女人来说，她们与男人的关系对她们来说是非常重要的，但她们从来没有成功地建立过一段令人满意的、持久的关系。她们要么建立一段关系的尝试彻底失败了，要么有一系列只是转瞬即逝的关系——要么是被男人中断的，要么是被患者自己中断的，并且这种关系往往显示出她们对男人不加选择。或者，即使建立了一段持久、有意义的关系，这段关系最后也总是因为女人的某种态度或行为而破裂。

与此同时，在所有这些案例中，在工作和成就方面都存在着一种抑制现象，她们或多或少对工作和成就明显缺乏兴趣。在某种程度上，患者对于这些问题是有意识的，但在某种程度上，患者并没有意识到这些问题，直到分析把它们揭示出来。

经过长时间的分析工作后，我才从某些案例中认识到，这里的中心问题不在于任何爱的抑制，而在于完全把注意力集中在男人身上。这些女人仿佛被一个念头缠住了，她们觉得"我一定要有一个男人"。这种想法过于强烈，以至于她们很难接收其他的想法。因此相比之下，生活的其余部分就显得陈腐、平淡、无利可图了。她们所拥有的能力和兴趣，要么对她们毫无意义，要么已经失去了曾经具有的意义。换句话说，影响她们与男性关系的冲突是存在的，能够在一定程度上得到缓解。但实际问题不在于她们对爱情生活重视得太少，而在于对爱情生活重视得太多。

在某些案例中，通过分析与性有关的焦虑，有关工作的抑制首先在分析过程中出现并增加，同时患者与男性的关系得到改善。一方面，人们从进步的角度来看待这种变化——就像那位父亲一样，他很高兴自己的女儿因为精神分析变得如此女性化，以至于现在想结婚，对学习完全失去了兴趣。另一方面，在咨询过程中，我一再听到抱怨说，这个或那个患者通过分析与男人建立了更好的关系，但失去了以前的效率、能力、工作的乐趣，现在完全被对男性伴侣的渴望所占据。这是值得思考的。当然，这样的画面也可能是分析的产物，是治疗的失误。然而，这只是某些女性的结果，而不是其他女性的结果。决定这一结果或那一结果的诱发因素是什么？在这些女性的总体问题中是否存在某些被忽视的因素？

最后，所有这些患者或多或少都有另一个显著的特点——害怕不正常。这种焦虑出现在情色领域，与工作有关，或者表现为一种与众不同和自卑的普遍感觉——她们将其归因于一种固有的、不可改变的倾向。

有两个原因可以解释为什么这个问题只能逐渐地被澄清。第一个原因是，上述情况在很大程度上代表了我们对真正有女性气质的女人的传统观念——她们除了对男人倾情奉献之外，在生活中没有其他目标。第二个原因在于精神分析师自己，他深信爱情生活的重要性，因此倾向于把消除这一领域的干扰作为他的首要任务。因此，他将乐于跟随那些自愿强调这一领域重要性的患者，来研究他们所提出的这类问题。如果一个患者告诉他，他一生最大的抱负是到海岛去旅行，而他希望精神分析能解决阻碍他实现这一愿望的内心冲突，精神分析师自然会问："告诉我，为什么这趟旅行对你来说如此重要？"这种比较当然是不充分的，因为性确实比海岛之旅更重要。但它有助于表明，我们对异性恋经验的重要性的辨别力——本身是相当正确和恰当的——有时会使我们盲目地过分强调这一领域。

从这一观点来看，这些患者呈现出一种双重差异。她们对男人的感情实际上是如此复杂、如此松散，以至于她们认为异性恋关系是生活中唯一有价值的，这无疑是一种强迫性的高估。此外，她们的天赋、能力和兴趣，她们的雄心壮志以及相应的取得成就和满足的可能性，比她们想象的要大得多。因此，我们正在处理的问题是，个体的重点从成就或为成就而奋斗转向了性。的确，只要我们谈到价值领域中的客观事实，我们在这里看到的就是价值的客观证伪——尽管在最后的分析中，性是一个极其重要的，也许是最重要的满足来源，但它肯定不是唯一的，也不是最值得信赖的。

与女性精神分析师相关的移情情境始终被两种态度所支配：

一种是竞争，另一种是赢得男性的青睐①。对她们来说，每一次进步，似乎都不是她们自己的进步，而完全是精神分析师的成功。说教式分析的主题给我的印象是：我并不是真的想要治愈患者，或者我建议患者在另一个城市定居，因为我害怕与其竞争。另一个患者通过指出她的工作能力没有提高，对每一个（正确的）解释都做出反应。还有一个患者，每当我感到有进步的时候，她都会说，她很抱歉占用了我这么多时间。绝望的抱怨几乎掩盖不了想要劝阻精神分析师的顽固愿望。这些患者强调，明显的改善实际上是由分析之外的因素造成的，而任何恶化的变化都是由精神分析师造成的。他们经常有自由联想的困难，因为这意味着他们的让步和精神分析师的胜利，因为这将有助于精神分析师成功。总而言之，他们想证明精神分析师无能为力。一位患者在下面的幻想中玩笑式地表达了这一点："她会住在我对面的房子里，在我的房子上贴一张显眼的标语牌指向她那里，上面写着'那边住着唯一优秀的女精神分析师'。"

另一种移情态度是这样的：患者与男人的关系处于前景中，而且以行动化的形式频繁出现。通常，一个男人接一个男人在其中

---

① 对男性分析师的态度可能是一样的。或者，移情可能暂时或永久地呈现出弗洛伊德描述的"汤和面条的逻辑"。在第一个案例中，分析师主要代表母亲或姐妹（但并非总是如此，因此必须具体问题具体分析）。在第二个案例中，这个患者群体中普遍存在的赢得男人的冲动，与分析师本人有关。

扮演角色，从单纯接近到发生性关系。关于他们做了什么或没有做什么，他们是爱她们还是让她们失望，以及她们对他们做何反应，有时会占据大部分时间。她们不知疲倦地关注最小的细节。这代表了一种行动化，而这种行动化助长了阻抗，这一事实并不总是显而易见。有时它被掩盖了，因为患者努力证明与一个男人的满意关系，也许是至关重要的关系，正在建立——这种努力与精神分析师同样直接的愿望是一致的。然而，我认为，随着对这些患者的具体问题和他们的具体移情反应有了更准确的了解，我们有可能看穿这个游戏，从而在很大程度上限制她们的行动化。

在这种活动中，有三种倾向脱颖而出。它们可以被描述为：

（1）"我害怕依赖你作为一个女人，一个母亲的形象。因此，我必须避免用任何爱的感觉把自己和你捆绑在一起。因为爱是一种依赖。因此，从这种感觉出发，我必须试着把我的感情寄托在别的地方，寄托在一个男人身上。"因此，一个紧随对这类女人进行分析后出现的梦显示，患者试图去做分析，却和她在候诊室看到的一个男人逃跑了。这种情感的保留常常被这样的想法合理化：既然精神分析师不会回报她的爱，那么让自己的感情参与进来是没有用的。

（2）"我更愿意让你依赖我（爱上我）。因此，我追求你，并试图通过我对男人的关注来引起你的嫉妒。"这里表达了一种根深蒂固的在很大程度上是无意识的信念，即嫉妒是唤起爱的一种至高无上的方法。

（3）"你嫉妒我与男人的关系。事实上，你千方百计地阻止我和男人交往，甚至不希望我长得漂亮。不过，为了泄愤，我要让你知道，我还是能做到的。"精神分析师提供帮助的意愿最多只能在患者的智力层面得到认可。当坚冰终于被打破——患者发现有人真的想要帮助自己获得幸福时，患者会非常惊讶。此外，即使在有自信的智力上层建筑的地方，当患者试图与精神分析师建立联系失败时，患者真正的不信任、真正的焦虑以及对精神分析师的愤怒也会暴露出来。这种愤怒有时在人格层面上几乎是偏执的，其内容是精神分析师对某事负有责任。

诸如此类的见解使我们禁不住假定，这种关于男人的行为的关键在于一种强烈的、令人恐惧的同性恋倾向，这种同性恋倾向导致了对男人的病态竞争——实际上，同性恋倾向，在"真正的男性化行为"的意义上，使男人和女人依赖于某人，仅仅是一种有意识的表达。这也使我们更容易理解为什么这些个体与男性的关系是松散和非选择性的。对女性的矛盾心理是同性恋的一贯特征，这可以解释逃避同性恋，特别是逃向男人的必要性，以及对精神分析师的不信任、焦虑和愤怒——因为后者扮演了母亲的角色。

临床研究结果并不会与这种解释相矛盾。在梦中，我们能够明确地发现想要成为男人的愿望的表达，而在生活中，男性的行为模式以各种各样的伪装表现出来。很典型的事实是，在明确的情况下，这些愿望被强烈拒绝，因为这些女人认为成为男人和成为同性恋是一样的。蒙上同性恋色彩的关系的雏形在人生的某个阶段几乎总是存在的。这种关系没有发展到初级阶段，这也与前面的解释是一致的，因为在大多数情况下，女性的友谊有显著的次要作用。所有这些现象都可以被看作阻止个体发展为明显同性恋的防御措施。

然而，人们很吃惊地发现，在所有这些案例中，对基于无意识的同性恋倾向和相应的逃避的解释在治疗上仍然完全无效。因此，有其他更正确的解释是可能的。一个来自移情情境的例子提供了答案①。

一位患者在治疗之初多次给我送花，起初是匿名的，后来是公开的。我的第一种解释是，她的行为就像一个男人在追求一个女人，这并没有改变她的行为，尽管她笑着承认了这一点。我的第二种解释是，这些礼物是为了补偿她表现得咄咄逼人，但同样没有治疗效果。此外，当患者的联想明确地表明，通过礼物可以使一个人依赖于自己时，情况就像变魔术一样发生了变化。随之而来的幻想揭示了这一愿望背后更深层次的破坏性内容。她说，她愿意做

---

① 我反复惊讶于，每当我向这些患者澄清她们成为一个摆脱一切客体关系的男人的愿望时，她们总是反应迅速而天真，觉得我仿佛是在"指责"她们是同性恋。

我的女仆，为我做好一切，并且觉得我会因此变得依赖她，完全信任她，然后有一天，她会在我的咖啡里下毒。她用最能够代表她这类人的想法的一句话——爱情是一种谋杀手段——来结束她的幻想。这个例子特别清楚地揭示了这类人的态度。只要对女性的性冲动是有意识的，它们就会被体验为犯罪。移情中的本能态度——就精神分析师代表母亲或姐妹形象而言，同样具有明确的破坏性，其目的是支配和破坏。换句话说，移情中的本能态度是破坏性的，而不是性化的。因此，"同性恋倾向"一词具有误导性，因为同性恋通常指的是一种态度——在这种态度中，性目的尽管夹杂着破坏性因素，但仍然指向同性别的人。然而，在目前的案例中，破坏性冲动只是松散地与力比多冲动结合在一起。混合在一起的性因素遇到了与在青春期遇到的相同命运：出于内在原因，与男人建立一种令人满意的关系是不可能的，所以存在着一定数量的自由浮动的力比多——可以指向女性。我将在后面说明，为什么力比多的其他出口，如工作或自慰，是不可用的。此外，个体还可能转向自己的男性气质——在所有这些案例中都不成功，通过力比多关系使破坏性冲动变得无害。这些因素的结合在一定程度上解释了人们对同性恋的焦虑——为什么在这些案例中，性的、温柔的甚至友好的感情在很大程度上不是指向女性的。

　　然而，只要看一眼出现这种情况的女性，我们就会立刻发现这种解释是不充分的。因为，尽管针对女性的敌对倾向在这些群体中明显而大量地存在（从她们的移情和生活中可以看出），但是同样的倾向在不自觉的同性恋女性（根据刚才给出的定义）中也存在。因此，对这些倾向的焦虑不能成为决定性的因素。在我看来，更确切地说，在那些朝着同性恋方向发展的女性中，决定性的因素在于，无论出于何种原因，她们都很早放弃了与男性的关系，因此，与其他女性的情色竞争在这些主题中退居次要地位。这不仅导致性冲动和破坏性冲动的耦合，而且导致一种过度补偿这些破坏性倾向的爱产生。

在这类女性中，这种过度补偿要么不会发生，要么不太重要。我们同时发现，与女性的竞争不仅持续存在，而且这种竞争实际上急剧加剧，因为竞争（染上了仇恨色彩）的目标，即获得男人，并没有被放弃。因此，存在关于这种仇恨的焦虑和对报复的恐惧，但没有动机迫使竞争停止。事实上，让它继续下去倒是挺有意思的。这种由竞争而生的对女人的巨大仇恨，在情色领域以外的领域的移情情境中出现，但在情色领域以投射的形式表达得非常清楚。因为，如果（女性）精神分析师阻碍了患者与男性的关系，那么在移情中，精神分析师绝不仅仅代表令人生畏的母亲，而常常代表嫉妒的母亲或姐妹——她们不会容忍女性化的发展或在女性领域的成功。

只有在这个基础上，人们才能完全理解在阻抗中用男人来对抗女性精神分析师的意义。其意图是让嫉妒的母亲或姐妹知道——出于怨恨，患者可以拥有或得到一个男人。但这只能以良心不安或焦虑为代价。对任何挫折公开或隐蔽的愤怒反应也由此而生。一场斗争在表面之下展开，大致如下：当精神分析师坚持分析而不允许患者把与男人的关系行动化时，这会被患者无意识地理解为精神分析师的禁令。如果精神分析师偶尔指出，没有分析，这些与男性建立关系的尝试不可能有任何结果，那么这在情感上意味着母亲或姐妹压抑患者女性自尊尝试的重复——就好像精神分析师在说，"你太渺小了，太微不足道了，不够有吸引力；你无法吸引或留住一个男人"。可以理解的是，她们的反应是证明自己可以。在年轻患者的案例中，这种嫉妒直接表现为她们强调自己的年轻和精神分析师的年龄。她们想证明精神分析师太老了，无法理解一个女孩想要一个男人而不是其他东西是很自然的，这应该比分析更重要。在俄狄浦斯情结的意义上，家庭情况往往以几乎不变的形式重演，例如患者感到与一个男人的关系代表对精神分析师不忠。

在移情过程中所发生的一切，一如既往地，是患者生活中发生事情的清晰和未经审查的版本。患者几乎总是寻求赢得一个被其他女人所渴望或在某种程度上与其他女人捆绑在一起的男人——通常完全不考虑他的其他品质。或者，在严重焦虑的情况下，她们对于这种类型的男人存在着绝对的禁忌。在一个案例中，甚至可以说所有的男人都是禁忌——因为归根到底，每个男人都被从某个可能的女人身边夺走了。在另一个案例中，主要与姐姐竞争的患者在第一次性交后做了一个焦虑的梦，梦中姐姐在房间里带有威胁性地追着她。病理上加剧的竞争可能呈现的形式是众所周知的，我不需要在这里进一步详细说明。同样为人所熟知的事实是，很大一部分情色抑制和挫折是由与破坏性竞争相关的焦虑引起的。

首要的问题是：是什么使这种竞争态度如此强烈，并赋予它如此巨大的破坏性？

在这些女人的个人历史中，有一个因素在这种态度发生的规律性和其特征所具有的显著影响方面是引人注目的，那就是这些女人在童年时期在争夺男人（父亲或兄弟）的竞争中处于劣势。13个案例中有7个案例中的姐姐能够通过各种手段获得父亲、兄弟的青睐。在一个例子中，一个比患者大得多的姐姐显然是父亲的最爱，而且显然不需要做任何特别的努力来阻止患者得到他的注意。分析显示，患者对姐妹有极大的愤怒。这种愤怒集中在两点上。它可能指的是女性的撒娇——通过这样做，姐姐成功地赢得了父亲、兄弟，或者后来的其他男人。在这些案例中，它是如此明显，以至于在很长一段时间内阻止了患者自己向这个方向发展——在完全拒绝女性伎俩的意义上。因此，患者克制自己不穿吸引人的衣服，不跳舞，也不参与情色领域的任何事情。第二种愤怒涉及姐姐对患者的敌意。它可能被表达为：姐姐恐吓患者，部分通过直接的威胁——这种威胁能够生效，因为姐姐更好的体力和更高级的心理发展，部分通过嘲笑患者所有的行为都是色情的，部分——三到四个案例——通过性游戏使患者依赖她们。最后一种方法，很容易理解，给人留下了最深的愤怒印象，因为它使年幼的孩子失去了防御能力——部分原因是性依赖，部分原因是罪疚感。也正是在这些案例中，我们发现了最明确的公开意义上的同性恋倾向。在其中一个案例中，母亲是一个特别有魅力的女人，周围有一群男性熟人，使父亲处于一种绝对依赖她的状态。在第二个案例中，不仅患者的妹妹更受青睐，而且父亲与住在这所房子里的一个亲戚有染——很可能与其他女人也有染。在第三个案例中，年轻且非常美丽的母亲是父亲以及儿子们和经常光顾这所房子的各种男人注意力的绝对中心。在最后一个案例中，有一个额外的复杂因素，那就是患者从五岁到九岁一直与比她年长几岁的哥哥——是母亲的最爱，与母亲的关系比与患者的关系更密切——在性的层面上有亲密的关系。此外，由于母亲的缘故，他在青春期时突然断绝了与妹妹的关系，至少去除了与妹妹的关系中的性意味。在有一个案例中，父亲从患者四岁起就对她进行性挑逗，随着患者青春期的临近，这种性挑逗变得更加直言不讳。与此同时，他不仅继续极度依赖充满魅力的患者的母亲，而且很容易受到其他女人的魅力的影响，所以女孩觉得自己不过是父亲的玩物，可以随意丢弃——在成年女性出现的时候。

所有这些女孩在整个童年时期都经历了一场激烈争夺一个男人注意力的竞争，这种竞争要么从一开始就无望，要么最终以失败告终。这种与父亲有关的失败，当然是小女孩在家庭处境中的典型命运。但在这些案例中，因为竞争的加剧——绝对支配情色领域的母亲或姐妹出现了，或父亲或兄弟一方的特定幻想觉醒了，它会产生特定的、典型的后果。还有一个额外的因素在起作用。关于它的重要性，我将随后再说。由于被其他人和事件所唤起的夸大的早期性兴奋经验，大多数案例中的性发展会迎来更迅速和更强烈的冲动。这种对生殖器兴奋的过早体验，比从其他来源（口腔、肛门和肌肉）获得的身体愉悦更大、更强烈，不仅使生殖器领域更加突出，而且为本能地更早、更充分地认识到为占有一个男人而竞争的重要性奠定了基础。

事实上，这种竞争带来了一种与女性竞争的持久的、破坏性的态度，同样的心理也很明显地适用于每一种竞争情境：失败者对胜利者感到持久的愤怒，自尊心受到伤害，因此在随后的竞争中，心理上就会处于不利的地位，并且最终会自觉或不自觉地感到，他唯一的成功机会在于他的对手的死亡。在下面讨论的案例中，我们也可以找到完全相同的后果：一种被践踏的感觉，一种对女性自尊的永久不安全感，以及对更幸运的对手的深深愤怒。在所有的案例中，患者不是部分或完全避免或抑制与女性的竞争，就是出现强迫性的过分竞争；被挫败的感觉越强烈，患者就越倾向于让对手死亡，仿佛在表达"只有你死了，我才能自由"。

这种对胜利方的仇恨可能以两种方式中的一种告终。如果它在很大程度上是前意识的，那么情色失败的责任就落在了其他女人身上。如果它被压抑得更深，我们就会在患者的人格中寻找其无法成功的原因。由此产生的抱怨，则与罪疚感——源于被压抑的仇恨——结合在一起。在移情过程中，人们常常可以清楚地观察到，一种态度与另一种态度交替出现，并且对一种态度的压抑会自动加强另一种态度。如果对母亲或姐妹的愤怒被压抑，患者的罪疚感就会增加；如果患者的自责减少，对他人的愤怒就会出现。一定有人要为我的不幸负责：如果这个人不是我，那一定是别人；如果不是别人，那就是我。在这两种态度中，认为是自己的错的感觉被压抑得更强烈。

这种痛苦的怀疑——是否不应怪自己不能与男人建立一种令人满意的关系，通常并不以这种形式出现在分析中，而是表现为一种普遍的信念，即事物并不是它们应该的样子；患者对自己是否"正常"感到焦虑，而且一直如此。有时，这种焦虑会被合理化为一种恐惧，即担心自己的机体不健全。有时候，一种针对这种怀疑的防御机制是明显的，其形式是强调他们是正常的。如果精神分析师强调患者的防御，那么是令人羞愧的，因为这证明一切都不像它应该的那样；相应地，他们试图将分析当作秘密。同一患者的心理态度可能从一个极端变化到另一个极端，从绝望地认为即使分析也不能改变根本错误的东西，到肯定一切都很好，因此他们不需要被分析。

这些怀疑在意识中最常见的形式是患者确信自己长得丑，因此不可能对男人有吸引力。这种信念是完全独立于实际情况的。即使异常美丽的患者，也可能这样看待自己。她们会有一些真实的或想象的缺陷——直发、大手或大脚、身材太胖、身形太大或太小、年龄太老或肤色不好。这些自我批评总是与一种深深的羞耻感联系在一起。例如，有一个患者有一段时间因她的脚感到不安，于是她急匆匆地跑到博物馆，想把自己的脚和雕像的脚比较一下，并且觉得如果发现自己的脚不好看，她就得自杀了。另一个患者从她自己的感受出发，无法理解她的丈夫为什么不嫌弃自己的歪脚趾。另一个患者禁食了几个星期，因为她哥哥说她的胳膊太胖了。在某些案例中，这种感觉与穿着有关，患者认为一个人如果没有漂亮的衣服就不可能有吸引力。

在试图理解这些折磨人的思想中，我们发现衣着起着非常重要的作用，但这种作用不是永久的，因为怀疑侵入了这个领域，使它成为永恒的痛苦。服装搭配不完美是令人难以忍受的。如果一件衣服使穿着者显得粗壮，显得太高或太矮，太朴素或太优雅，太显眼，太年轻或不够现代，那么也是其难以忍受的。如果承认服装对女人很重要，那么毫无疑问，服装会对其产生非常不恰当的影响——让其感到羞耻、不安甚至愤怒。例如，一个患者有一种习惯，那就是如果她认为一件衣服使她显得肥胖，她就会把它撕下来；一些患者则把愤怒指向裁缝。

另一种防御是希望成为一个男人。"作为一个女人，我什么都不是，"一个患者说，"我做个男人会好得多！"她说这句话时，做出了明显的男子气的手势。第三种也是最重要的防御方法是患者证明她们能吸引男人。在这里，我们又遇到了同样的情感范围。没有男人，从来没有和男人有过任何关系，一直是处女，没有结婚等都使人感到耻辱，会让别人轻视这个人。有一个男人——无论他是仰慕者、朋友、爱人还是丈夫——都是一个人"正常"的证明。因此，患者会疯狂追求男人。他们只需要满足"是个男的"这唯一的要求。如果他们有其他的品质可以提高女人的自恋满足感，那就更好了。否则，她们可能会不加选择，这与她们在其他方面的表现形成鲜明对比。

但是，这种尝试，就像在服装方面的尝试一样，仍然是不成功的——至少，就证明任何事情而言，是不成功的。因为即使这些女

人成功地让一个又一个男人爱上了她们，她们也能想出各种理由来
贬低她们的成功，比如周围没有别的女人可以让这个男人爱上，或
者他没什么了不起的，"反正是我逼他这么做的""他爱我是因为
我聪明，或者因为我对他有用"。

首先，分析揭示了一种关于性器官的焦虑，这种焦虑的内容是
个体通过自慰伤害自己。这些恐惧通常表现为个体认为处女膜被破
坏或自慰使其不能生育等①。在这种焦虑的压力下，自慰通常被完
全抑制，所有关于它的回忆都被压抑了。无论如何，从未自慰的说
法是典型的。在相对不常见的案例中，个体在成年后沉迷于自慰，
随之而来的是严重的罪疚感。

这种对自慰的极端防御的基础是伴随自慰而来的异乎寻常的施
虐幻想，这种幻想以各种方式出现：被监禁、羞辱、侮辱、折磨，
特别是生殖器被损坏。最后一种幻想是被压抑得最强烈的，但似
乎是基本元素。就我的经验而言，这种幻想从来没有被直接表达出
来。然而，我们可以从以下案例中看到它的存在。在一个案例中，
当患者觉得衣服会使她显得健壮时，她就会撕毁衣服。很明显，这
种行为是自慰性的；她后来觉得自己犯了谋杀罪，于是她必须焦急

---

① 人们反复得到的印象是，这种焦虑是与自慰有关的"最深层"的焦
虑，但因为没有准确的数据支持，人们不敢下此定论。在任何情况下，这些女
人对孩子的渴望都是极其强烈的，而且在大多数案例中，这种渴望最初被强烈
地压抑着。

地抹去痕迹；健壮对她来说意味着怀孕，让她想起母亲的怀孕（当她五岁时）；她认为精神分析师的怀孕必然造成了内部撕裂；最后她产生了一种自发的感觉——当她在撕扯自己的衣服时，她感觉仿佛在撕扯母亲的性器官。

另一个完全摆脱了自慰习惯的患者，有一种与月经疼痛有关的感觉，仿佛她的内脏被扯了出来。当她听到别人堕胎的消息时，她产生了性兴奋。她回忆起小时候曾有过这样的想法：丈夫用编织针从妻子身上抽出了什么东西。强奸和谋杀的报道让她兴奋不已。各种各样的梦都包含女孩的性器官受伤或需要动手术的想法。在一个案例中，一个女孩被关进了教养院，她梦到自己落入了一位老师的手中——这正是她想要对精神分析师或她深恶痛绝的母亲所做的。

在其他患者身上，人们可以从类似的对报复的恐惧——夸大的焦虑——中推断出这些破坏性冲动的存在。她们焦虑地认为女性的每个性功能，特别是初次性行为和分娩，都是痛苦的，会导致流血。

简而言之，人们很明显地发现，在无意识中，童年早期直接指向母亲或姐妹的破坏性冲动以不变的形式和不减弱的力量，仍然在起作用。克莱茵对这些冲动的重要性做了强调。考虑到这一点，我们很容易相信，这是一种加剧的、激烈的竞争，它没有让这些冲动平静下来。对母亲的原始冲动有这样的含义：你不能和我父亲发生性关系；你不能和他生孩子；如果生了，你就会受到很大的伤害，以致不能再生孩子；或者——更详细地说——你会显得丑陋不堪，让所有的人反感。但是，根据无意识中普遍存在的以牙还牙法则，这将给个体带来完全相同的恐惧。因此，如果我希望这种伤害降临到你身上，并在我的自慰幻想中把它强加给你，那么我不得不担心同样的事情会发生在我身上。不仅如此，我还得担心，当我处于与我希望母亲遭受痛苦和伤害的相同境地时，同样的事情也会发生在我身上。事实上，在某些案例中，痛经是在她们开始考虑性关系的时候出现的。此外，有时，在这个时候出现的痛经，被相当有意识地、明确地视为对有关的性愿望的一种惩罚。在其他案例中，患者的恐惧具有不那么具体的特征，主要表现在它们的效果上，即阻止性交发生。

这些报复性焦虑部分涉及未来，但也有一部分与过去有关。因为我在自慰中经历了这些破坏性的冲动，同样的事情也会发生在我身上；我受到了和她一样的伤害，或者更详细地说，我和她一样丑陋。这种联系在一个患者身上是完全有意识的，她父亲的性行为引起了一种异常激烈的竞争：在分析之前，她几乎不敢照镜子，因为她认为自己很丑——尽管事实上她确实很漂亮。当她与母亲的冲突在分析中得以解决时，在情感释放的那一刻，她在镜子里看到了母亲的容貌。

指向男人的破坏性冲动也存在于每一个案例中。这些冲动在梦中表现为阉割冲动，在生活中表现为有伤害的欲望或防御这些冲动。然而，这些针对男人的冲动显然与不正常的观念只有轻微的联系，它们在分析中被揭示出来通常没有什么阻力。此外，焦虑会随着针对女性（母亲、姐妹、精神分析师）的破坏性驱力的揭露和消除而消失。相反，只要过度的焦虑阻止了对与这些驱力相关的罪疚感的掌控，焦虑就会持续存在。这里建立的防御——我把它称为对分析的阻抗——是对罪疚感的防御，其含义是：我没有以任何方式伤害自己，我生来如此。这也是在抱怨命运——一个人生来如此；或者在反对遗传倾向；或者像在两个案例中那样，反对对患者的生殖器做了什么事的姐姐；或者反对童年时期所受的从未得到补偿的压迫。在这里，很明显，这些抱怨的功能，以及它们被保留下来的原因，是为了防御个人的罪疚感。

最初我认为，坚持"不正常"的观念是由男性气质的幻觉所决定的，患者一想到在自慰中丧失了阴茎，或丧失了阴茎生长的可能性，就感到羞耻。我认为对男人的追求，一部分是由对女性气质的过分强调所决定的，一部分是由希望得到男人的补充——如果自己不能成为男人——的愿望决定的。但是，如我上面所描述的，我已经确信，男性气质的幻想并不代表动态有效的代理，而仅仅是次要倾向——这种倾向的根源在于上面所描述的与女性的竞争——的一种表达，同时是对不公正命运或对母亲的指控——以这样或那样的方式合理化这种指控，因为自己没有被生为男人，或者是一种需要在梦境或幻想中找到一种逃避女性冲突折磨的方法的表达。

当然，在某些案例中，坚持作为一个男人的幻想确实起着积极的作用，但这些案例似乎具有完全不同的结构，因为在这些案例中，与一个特定的男人（通常是父亲或兄弟）的认同已经发生——在此基础上个体会向同性恋方向发展或产生自恋的态度和取向。

对与男性的关系的高估有其根源，不是因为任何不寻常的性冲动，而是因为存在于男女关系之外的因素，即恢复受伤的自尊和蔑视胜利的（女性）对手。因此，有必要探讨对性满足的渴望在对男性的追求中是否以及在多大程度上起重要作用。人们有意识地追求性满足，这是肯定的，但从本能的观点来看，这也是正确的吗？

在这方面，很有必要记住一个重要的事实，即这种满足肯定被高估了。这种态度有时在意识层面上也表现得相当突出，但起初我倾向于低估它，因为性抑制的力量和对男性的冲动。因此，我认为这种态度在很大程度上是一种合理化，用于掩盖无意识的动机，并将对男性的渴望表现为"非常正常和自然"的东西。事实上，这种强调无疑服务于这些目的。但是，我们在这里也证实了那句古老的格言：患者在某种意义上总是正确的。考虑到对性满足的自然渴望，并且在考虑所有性无关的因素后，我们发现，仍然存在一种过剩的性欲，特别是对异性性交的欲望。这种印象是基于这样一种考虑：如果这些女性的问题在本质上仅仅是对女性的抗议和自我主张（"自恋补偿"），那么我们就不容易解释这样一个事实：在现实中，她们往往没有意识到自己急切地寻求与伴侣发生性关系，这往往与她们的态度相矛盾。人们常常发现，她们有这样一种想法，即如果没有性交，她们就不能健康地工作，就不能有效率地工作。这是通过一种不完全的精神分析观点、某种激素理论或者一种认为禁欲有害的男性意识来合理化的。

性交对她们有多重要，可以从她们的努力中看出。这些努力都有一个共同点，那就是确保她们能够性交，也就是说，不要处于突然被切断性交可能性的境地。她们的努力包括卖淫幻想、结婚的愿望和成为男人的愿望——虽然在本质上不尽相同，但有共同的潜在动机。卖淫幻想和婚姻意味着，永远有一个男人可以选择。想要成为男人的愿望，或者对男性的怨恨，源于她们认为男人想性交时总是可以性交。

我认为，以下三个因素导致了这种对性的高估：

（1）从经济的角度来看，这些女性的典型心理结构中有许多迫使她们进入性领域的因素，因为通往其他满足的道路已经变得极其困难。同性恋的冲动被拒绝，因为它们与破坏性的冲动相结合，也因为她们对其他女性抱有竞争的态度。自慰如果没有像大多数案例呈现的那样，被完全抑制，那么是不能令人满意的。但是，在很大程度上，从更广泛的意义上说，所有其他形式的自慰满足，无论是直接的还是升华的，与人一起从事的还是"只靠自己"就可以完成的，比如对饮食、赚钱、艺术或自然的享受都受到了抑制，这主要是因为这些女人，就像所有感到自己在生活中处于明显劣势的人一样，怀有一种极其强烈的愿望，那就是想独享一切，不让任何人享受任何东西，把别人的一切都夺走——这种愿望之所以被压抑，是因为它会引起反应性的焦虑，也因为它与个人的行为标准不相容。除此之外，存在于所有活动领域的抑制，如果与野心相结合，就会导致内心的巨大不满。

（2）第一个因素可以解释性需求的强化，第二个因素可能构成了这种不断增加的价值的根源，它基于个人最初在女性领域的竞争失败，导致一种根深蒂固的恐惧——唯恐其他女人在异性恋活动中成为干扰因素，并且在移情情境中确实表现得很清楚。这实际上有点像欧内斯特·琼斯所描述的"消除"（aphanisis），只不过这里的问题不是对丧失自己的性能力的焦虑，而是对永远被外部因素阻碍的恐惧。上面提到的获得安全感的尝试让个体回避了这种焦虑。这种焦虑助长了个体对性的高估，因为任何成为争议对象的目的总是被高估。

（3）在我看来，第三个因素似乎是最不完善的，因为我不能在所有案例中都发现它的存在。如前所述，其中一些女性回忆起在童年早期经历过类似性高潮的性兴奋。还有一些人可能会以某种理由——梦中对性高潮的恐惧——推断出这种经历的发生。早期生活中的兴奋是可怕的——要么是因为它出现的特定条件，要么是因为它的压倒性力量，所以它被压抑了。然而，这种经历留下了某些痕迹——一种远远超过任何其他来源的快乐，以及一种整个机体充满活力的奇怪感觉。我倾向于认为，这些痕迹使这些女性把性满足看作一种生命的灵丹妙药——只有男人才能提供；没有它，一个人就会枯竭；缺乏它，一个人就不可能在任何其他方面取得成就。然而，这一点必须得到进一步的证实。

尽管个体有追求男人的决心，并且为达到这一目标付出了很大的努力，但所有这些努力都注定要失败。

我们可以从前面已经说过的内容中找到失败的部分原因。它们的根源和在争夺男性的竞争中失败——这又让个体为赢得男性而特别努力——的根源是一样的。

当然，与女性竞争的痛苦态度迫使她们不断地重新展示自己的情欲优势，但指向女性的破坏性冲动使任何对男性的竞争都不可避免地与深深的焦虑联系在一起。与这种焦虑的强度相一致，甚至可能与对失败的主观认识和随之而来的自尊的降低相一致，与其他女性竞争的日益强烈的冲动与由此产生的日益增加的焦虑之间的冲突，在表面上导致回避竞争，或者竞争加剧。这类女性的范围从极度抑制与男性建立关系的女性，到真正的唐璜类型的女性。将所有这些女性归为一类——尽管她们的外表很不一样——的理由，不仅在于她们的基本冲突的相似性，而且在于她们的情感取向的相似性。前面已经提到的因素，即与男人在感情上的"成功"并不被视为成功，在很大程度上促成了这种相似性。此外，在案例中，没有任何一个患者和男人的关系在精神上或在身体上是令人满意的。

对女性特质的侮辱，通过直接的方式或对不正常的恐惧，驱使这些女性向自己证明她们的女性潜能。但由于这一目标永远不会因为偶尔出现的自我贬低而实现，这必然会导致从一种关系到另一种关系的快速变化。她们对男人的兴趣，甚至可能变成一种幻想，让她们以为自己深深地爱着一个男人。一般来说，一旦男人被"征服"，也就是说，一旦男人在情感上依赖她们，这种兴趣就会消失。

这种通过爱使男人依赖自己的倾向，正如我已经描述过的移情的特征，还有另一个决定因素。这种倾向的背后是一种焦虑。她们认为，依赖是一种不惜一切代价都要避免的危险，因此，既然爱或任何情感纽带是造成依赖的因素，那么爱或情感纽带是需要避免的。换句话说，对依赖的恐惧是一种对坠入情网所带来的失望和羞辱的深刻恐惧，这种羞辱是她们自己在童年时期经历过的，并希望随后传递给他人的。这种原始体验给个体留下了强烈的脆弱感，大概是由男性造成的，但由此导致的行为几乎同样指向男性和女性。例如，那位想用礼物使我依赖她的患者，有一次表达了她没有去找男性精神分析师的遗憾，因为她可以更容易地让一个男人爱上自己，然后游戏就赢了。

因此，保护自己不受情感依赖是对无懈可击的愿望的回应，就像德国传奇中的齐格弗里德为了这个目的而沐浴在龙的血液中。

在另外一些例子中，这种防御机制表现为一种专制的倾向，同时表现为保持警惕，以确保伴侣对她们的依赖比她们对伴侣的依赖更大。当然，每当伴侣表现出任何独立的迹象时，相应的公开的或压抑的愤怒反应就会出现。

对男人的反复无常进一步满足了一种根深蒂固的复仇欲望，这种欲望同样是在她们最初的失败的基础上出现的。这种欲望的内容是胜过一个男人，抛弃他，拒绝他，就像她们自己曾经感到被抛弃和拒绝一样。很明显，选择一个合适的对象的机会是微乎其微的，实际上是不存在的。这些女人盲目地扑向一个男人，部分与她们与其他女人的关系有关，部分与她们自己的自尊有关。此外，在这里处理的三分之二的案例中，这种机会由于对父亲的固着而进一步减少，因为父亲是童年时期患者主要围绕的那个人。这些案例起初给人的印象是，事实上她们是在寻找父亲或父亲的形象。她们很快就抛弃了男人，因为后者不符合这种形象，或者因为后者成了原本父亲该承受的报复的接受者。换句话说，对父亲的固着构成了这些女性神经症问题的核心。尽管事实上，这种固着加剧了许多女性的问题，但可以肯定的是，它并不是导致这类问题的特定因素。无论如何，它并不构成我们在这里所关注的具体问题的核心，因为在大约三分之一的案例中，我们在这方面没有发现任何在强度或特征上不正常的地方。我在这里提到这个问题仅仅是出于技术上的考虑。因为经验告诉我们，如果一个人没有首先解决涉及的整体问题，就跟着这些早期的固着走下去，那么很容易陷入僵局。

对于有耐心的人来说，摆脱这种不能令人满意的处境只有一条路，那就是通过成就、尊重和野心。这些女人无一例外地都在寻求这条出路，因为她们都有极大的野心。她们的动力来自受到伤害的女性自尊和被夸大的竞争意识。一个人可以通过成就和成功来建立自己的自尊——不是在情色领域，就是在其他领域，选择哪个是由个人的特殊能力决定的，从而战胜所有的对手。

然而，在这条道路上，她们注定要失败。我们现在必须考虑这种失败必然性的原因。因为成就领域的困难与我们在情色领域看到的困难本质上是一样的，所以这里需要考虑的只是这些困难的表现形式。当然，在竞争的问题上，个体在情色领域的行为和在成就领域的行为之间的一致性是最明显的。那些几乎病态地想要把其他女人赶出相关领域的女性，在每一种竞争活动中都存在着一种有意识的野心和渴望得到认可的欲望，但潜在的不安全感是显而易见的。它在三个案例中表现为，她们在坚持不懈地追求既定目标方面一定会失败——尽管有巨大的野心。即使是善意的批评也会使她们气馁，赞美也是如此。批评会激发她们内心对无法竞争成功的恐惧，赞美会激发她对成功的恐惧。在这些案例中以单调的规律反复出现的第二个因素是她们的唐璜主义。就像她们不断需要新的男性一样，她们也不能把自己束缚在任何特定的工作上。她们喜欢指出，把自己束缚在某种特定的工作上，就剥夺了她们追求其他兴趣的可能性。这种恐惧是一种合理化。她们并不真的花精力去发展任何兴趣，这一事实暴露了她们的恐惧。

对于那些因无法取悦他人而在情色领域避免任何竞争的人来说，这样的野心几乎总是被压抑的。在那些比自己做得更好的人面前，她们感到处于次要地位，感到不受欢迎，对这种情况做出巨大的愤怒反应——就像在移情中发生的那样，并且很容易表现出抑郁。

当涉及婚姻时，她们自己压抑的野心常常被转移到丈夫身上，因此她们用自己野心的全部动力要求他们必须成功。但这种野心的转移只取得了部分成功，因为她们自己对竞争的态度始终如一，她们也在不知不觉中等待着丈夫的失败。她们对丈夫表现出何种态度，取决于她们自己对性最大化的需求强度。因此，从一开始，丈夫就可以被视为自己的对手。与丈夫相比，她们陷入了无能的深渊，并伴随着对他们最深的怨恨——就像她们避免情色竞争时发生的那样。

在所有这些案例中，还会出现另一个最重要的问题，这是由于她们日益增长的野心和日益减弱的自信之间的显著差异。根据她们的个人天赋，所有这些女人都能从事富有成效的工作，成为作家、科学家、画家、医生或组织者。毫无疑问，在每一种生产活动中，一定程度的自信是先决条件，明显缺乏自信会使人"瘫痪"。当然，这一点在这里同样适用。与她们过度的野心相伴而来的是，她们从一开始就由于士气低落而缺乏勇气。与此同时，这些患者中的大多数都没有意识到，由于她们的野心，她们在工作中承受着巨大的压力。

这种差异还有一个实际结果。因为她们没有意识到，自己期望从一开始就与众不同，例如不用练习就能掌握钢琴，不用使用技巧就出色地绘画，不用艰苦劳动就能取得科学上的成功，或者不用训练就能正确地诊断出心脏杂音。她们不把不可避免的失败归咎于她们不切实际的过高期望，而认为这是由于她们普遍缺乏能力造成的。于是，她们倾向于放弃当时正在做的任何工作。因此，她们无法通过耐心的劳动获得成功所必需的知识和技能，从而导致野心的增强和自信心的削弱之间的差距进一步和永久地扩大。

这种一事无成的感觉作为一种规律始终存在。患者决心向自己、向他人，尤其是向精神分析师证明自己无能为力，自己很笨拙或愚蠢。她们抛弃任何相反的证据，把赞美当成骗人的奉承。

是什么维持了这种倾向？对自己无能为力的信念提供了一种极好的保护，使人无法完成任何有价值的事情，从而确保一个人免受成功竞争的危险。坚持认为自己没有能力做事支配着整个画面，也就是说，得到一个男人，或者更确切地说，从一个男人那里索取，从而证明自己的软弱、依赖和无助。这种"计划"总是完全无意识的，正因为如此，她们才更加固执地去追求一切。如果从无意识的角度看，这些看似无意义的追求本身是一种有计划的、有目的的努力。

患者可能有某种模糊却顽固的观念：必须在男人与工作之间做出选择，工作和独立的道路干扰或切断了通往男人的道路。向这些患者强调这种观念没有现实基础，并没有任何效果。对男性气质和女性气质、阴茎和孩子这两组被患者认为是二选一的概念的解释也是如此。如果把她们的固执看作上述计划的表现，我们就可以理解这种固执。上面提到的这种选择的想法在一个患者对所有工作的极端抵制中起了相当大的作用。在移情过程中，她在以下幻想中表现出了潜在的愿望：通过支付精神分析费用，她将逐渐失去所有的钱，变得一贫如洗。然而，精神分析并不能帮助她克服对工作的抑制。她将因此失去所有的经济来源，无法谋生。在这种情况下，她的精神分析师，特别是她的第一个（男性）精神分析师将不得不照顾她。她试图让精神分析师禁止她工作，她不仅坚持提出她没有能力工作，而且给出了随之而来的有害后果。当精神分析师以她有能力工作为由催促她工作时，她的反应——实际上是以相当合乎逻辑的方式——是愤怒，这种愤怒来自她的秘密计划受挫。患者觉得精神分析师认为她只适合工作，并希望阻碍她的女性化发展。

在其他案例中，基本的期望表现在对得到男人支持的女人的嫉妒中。具有类似意义的幻想大量出现。她们幻想从男人那里得到支持、礼物、孩子、性满足、精神援助、道德支持。相应的口欲-虐待幻想也会出现在梦中。在两个案例中，患者通过证明自己无力赡养自己，迫使父亲赡养她们。

她们的整体态度就其动力而言保持不变，直到她们把它纳入秘密期望的框架，带来如下结果：如果我不能自然而然获得父亲的爱，即一个男人的爱，我将用无助的手段来获取。这可以说是一种吸引他们怜悯之心的魔法。因此，这种受虐态度的功能是达到异性恋目标——这些患者认为她们无法通过其他方式达到这个目标[①]——的一种神经质的扭曲手段。

---

① 这个想法与赖希在《受虐性格》（1932）中表达的主要观点相同，因为他也证明受虐行为最终是为了获得快乐。

简单地说，人们可能会说，在这些案例中，患者对工作的抑制在于她们无法对所讨论的工作产生足够的兴趣。事实上，"对工作的抑制"一词并不能充分地涵盖这一问题，因为在大多数案例中，患者都会有一种完全的精神枯竭。目标仍然固定在情色领域，存在于该领域的冲突被转移到工作领域，最后，关于工作的抑制本身被索取爱的欲望所利用——至少以这种迂回的方式，以同情和温柔关怀的形式。

由于工作必然没有生产力，令人不满意、痛苦，这些患者被加倍的力量推回情色领域。这一过程可能由个人的性经历（如婚姻）启动，也可能由环境中其他类似的事件启动。这也可以用来解释前面提到的可能性，即分析——精神分析师错误地判断了事情的真实状态，从一开始就把全部重点放在性领域——也可能成为令人兴奋的因素。

随着年龄的增长，这些问题自然变得更加明显。年轻人在面对情爱失败时，很容易得到安慰，希望有一个更好的"命运"。经济独立，至少对中产阶级来说，还不是一个紧迫的问题。利益范围的缩小还没有引起人们的强烈关注。随着年龄的增长，比如在三十多岁的时候，爱情的持续失败被认为是命中注定的，与此同时，建立一段令人满意的关系变得越来越不可能发生，这主要是由于内在的因素——不安全感增加，整体发展迟缓，无法发展出成熟年龄所特有的魅力。此外，经济不独立也逐渐成为一种负担。最后，随着年龄的增长，个体或环境对成就的重视程度越来越高，弥漫在工作和成就领域的空虚感也就越来越强烈。生活似乎越来越缺乏意义，痛苦逐渐产生，因为这些人必然在双重的自我欺骗中越来越迷失自我。一方面，她们以为只有通过爱才能幸福；另一方面，她们是永远不可能幸福的，她们对自己有能力的信心越来越小。

读者很可能已经注意到，这里所描绘的这种类型的女人，在今天经常以不那么夸张的形式出现，至少在美国的中产阶级知识分子圈子里是这样的。一开始我就表示，这在很大程度上是由社会原因——社会缩小了女人的工作范围——决定的。然而，在这里所呈现的案例中，这种特殊的神经症纠缠显然是由不幸的个人发展而导致的。

这种描述可能会给人一种印象，即社会力量和个人力量这两组力量是相互分离的。事实肯定不是这样的。我相信我可以通过每一个例子说明，在个体因素的基础上，这种类型的女性才会出现，同时在社会因素的影响下，个人发展中的轻微问题足以驱使女性变成这种类型的女性。

第十二章

女性的受虐倾向[①]

———————————
　① 本文扩展自1933年12月26日在美国精神分析协会年中会议上提交的论文。*The Psychoanalytic Review*, Vol. XXII, No. 3 (1935), pp. 241-257.

对女性的受虐倾向这一问题的兴趣远远超出了医学和心理学领域，因为至少对研究西方文化的学生来说，它触及了在文化定义中评价女性的根源。事实似乎是，在我们的文化领域中，受虐现象在女性身上比在男性身上更为常见。出现了两种关于这一现象的解释方法，一种是试图发现受虐倾向是固有的还是类似于女性本性的本质；另一种是人们致力于在受虐倾向的正态分布中评估社会条件在性别限定特征的起源中的权重。

在精神分析文献中——以拉多和多伊奇的观点为代表，女性受虐被看作生理性别差异的一种心理后果。因此，精神分析用科学工具来支持受虐狂和女性生理学之间存在既定关系的理论。精神分析还没有考虑社会条件的作用。

本文的任务是为确定生物和文化因素在这个问题中的权重做出贡献，仔细审查在这个方向上给出的精神分析数据的有效性，并提出是否精神分析知识可以用来调查受虐倾向与社会条件的可能联系。人们可以将迄今为止提出的精神分析观点大致概括如下：在女性的性生活和母性中寻求和发现的特定满足具有受虐的性质。早期关于父亲的性愿望和性幻想的内容是想被他残害，即被他阉割。月经有一种受虐体验的隐藏内涵。女人暗地里在性交中渴望的是强奸和暴力，或者在精神领域，是羞辱。分娩的过程给了她们一种无意识的受虐的满足，与孩子的母性关系也是如此。此外，就男性沉迷于受虐幻想或行动而言，这些都代表了他们想要扮演女性角色的愿望的表达。

多伊奇①假定了一种生物学性质的遗传因素，这不可避免地导致了女性角色的受虐观念。拉多②则指出一种迫使性发展进入受虐通道的遗传因素。这些女性特有的受虐形式究竟是源于女性发展的偏差，还是代表了"正常"的女性态度，人们对此有不同的看法。

人们至少含蓄地认为，各种类型的受虐倾向在女性身上比在男性身上更为常见。当一个人持有基本的精神分析理论时，这个结论是不可避免的，即生活中的一般行为是以性行为模式为模型的，而性行为模式被女性认为是受虐的。由此得出的结论是，如果大多数或所有女性在对待性和生殖的态度上都是受虐性的，那么她们无疑会比男性更频繁地在对待与性无关的生活态度上表现出受虐倾向。

这种考虑表明，拉多和多伊奇实际上是在处理一个关于正常女性心理的问题，而不仅仅是精神病理学的问题。拉多说他仅仅是根

---

① Deutsch, "Der feminine Masochismus und seine Beziehung zur Frigidität," *Intern. Zeitschr. f. Psychoanal.*, II (1930).

② Rado, S., "Fear of Castration in Woman," *Psychoanalytic Quarterly*, III-IV (1933).

据病理现象来解释这一问题，但从他对女性受虐起源的推论来看，人们不能不得出这样的结论：绝大多数女性的性生活是病态的。他的观点与多伊奇的观点（多伊奇肯定女性化就是受虐）之间的差异，被看作理论性的而非事实性的差异。

毫无疑问，女性可能会在自慰、月经、性交和分娩中寻求受虐性的满足。这种情况确实会发生。有待讨论的是发生的起源和频率。在处理这个问题时，多伊奇和拉多都完全忽略了对频率的讨论，因为他们认为心理遗传因素是如此强大和无处不在，以至于对频率的考虑变得多余。

在发生学的问题上，两位作者都认为，女性发展的决定性转折点是小女孩意识到自己没有阴茎。他们的假设是，这种认识带来的冲击会产生持久的影响。这一假设的数据来源有两个：一是对有拥有阴茎的幻想和愿望的神经症女性的精神分析发现；二是对小女孩的观察——当她们发现别人身上有阴茎时，她们会表达想拥有阴茎的愿望。

上述观察足以让我们建立一个有效的假设：拥有男性气质的愿望在女性的性生活中起一定作用。这个假设可以用于解释女性的某些神经质现象。然而，我们必须认识到，这是一种假设，而不是事实；作为一种假设，它甚至不一定有用。当有人声称，对男性气质的渴望不仅是神经质女性的首要动态因素，而且是每个人类女性的首要动态因素（独立于个人或文化条件）时，人们不得不指出，没有数据可以证实这种说法。不幸的是，由于历史和人类学知识的限制，关于心理健康的女性，或者不同文化条件下的女性，我们所知甚少，甚至一无所知。

由于没有关于小女孩发现阴茎的反应的充分数据，所以假设这是女性发展的转折点是令人兴奋的，但事关证据，这种假设几乎不可用。确实，当小女孩意识到没有阴茎时，为什么要变成受虐狂呢？多伊奇和拉多以非常不同的方式解释了这一假设。多伊奇认为，"从主体意识到自己缺乏阴茎的内在障碍反弹了依附于阴蒂的活跃的施虐力比多……最常见的是，这种力比多会发生退行，变为受虐"。这种向受虐方向的变化是"女性解剖学命运的一部分"。

相关数据在哪里？据我所知，只有幼儿才可能有早期的施虐幻想。这方面的数据部分来自对神经症儿童的直接精神分析观察，部分来自对神经症成人的分析性重建。没有证据表明这些早期的虐待幻想是普遍存在的。我想知道，美国的印第安小女孩或者巴布亚新几内亚的特罗布里安群岛小女孩是否也有这些幻想。即使我们理所当然地认为这种幻想是普遍存在的，我们也需要验证三个假设：

（1）这些施虐幻想是由对阴蒂的活跃的施虐力比多贯注产生的。

（2）作为没有阴茎的自恋性伤害的结果，女孩放弃了她们的阴蒂自慰。

（3）迄今为止活跃的施虐力比多自动转向内部，变成受虐倾向。

这三种假设似乎都是推测性的。众所周知，人们会对自己的敌意攻击感到恐惧，随后更喜欢受苦的角色，但一个身体部位的力比多贯注是如何变得具有虐待性，并且转向内部，这似乎很神秘。

多伊奇想要研究"女性气质的起源"，她的意思是研究"女性精神生活中女性化的、被动的受虐倾向"。她肯定受虐是女性精神生活中最基本的力量。毫无疑问，许多神经质的女性都是如此，但认为女性的生理和心理决定了受虐在女性中是普遍的，这是无法令人信服的。

拉多以一种更谨慎的方式理解这件事。首先，他并没有从努力指出"女性气质的起源"开始，只是想解释神经症女性的某些临床表现。他提供了关于女性对受虐冲动的各种防御的宝贵数据。此外，他并没有把拥有阴茎的愿望视为既定事实，而是认识到这里可能存在一个问题。我以前提出过同样的问题，琼斯和兰普-德·格鲁特后来也提出过同样的问题。关于问题的解决办法绝不是一致的。琼斯、拉多和我在男性化愿望或者男性化幻想中都看到了防御。琼斯认为，这是一种对"消除"（aphanisis）危险的防御；拉多反对受虐冲动；我反对和父亲乱伦的愿望①。兰普-德·格鲁特认为，对男性气质的渴望是由于对母亲的早期性愿望。在这里讨论这个问题的后果将超出本文的范围。在我看来这个问题还没有解决。

关于女性在发现阴茎后发展出的受虐倾向，拉多这样解释：他同意弗洛伊德的观点——这一发现不可避免地会给女孩带来自恋的冲击，但他认为不同的情感条件会产生不同的影响。根据拉多的说法，如果女孩在性成熟的早期发现了阴茎，那么除了自恋受损之外，还会有一种特别痛苦的体验，因为这让女孩相信，男性可以从自慰中获得比女性更多的快乐。他认为，这种经历是如此痛苦，以至于它永远摧毁了女孩在自慰中找到的快感。在我们看到拉多如何从这种所谓的反应中推断出女性受虐倾向的起源之前，有必要讨论一个潜在的前提，即意识到一种主要的快乐存在，肯定会破坏对一种被认为比它低级的快乐的享受。

这个假设在日常生活中有何例子呢？比如，一个认为葛丽泰·嘉宝比其他女人更有魅力而自己没有机会见到她的男人，会因为"发现"她超凡的魅力而失去与其他女人交往的所有乐趣。对一个喜欢山的人来说，山能给他带来的乐趣可能会被他想象中的海

---

① 出于某些之后我会说的原因，我不再坚持这种观点。事实上，我倾向于同意拉多的意见——尽管我得出同样结论的原因不同。

边度假胜地带给他的更大乐趣完全破坏。当然，这种反应偶尔也会出现，但只会发生在某一类人身上，即过度贪婪的人身上。拉多使用的原则当然不是快乐原则，其更应该被称为贪婪原则；就其本身而言，尽管对解释某些神经症反应很有价值，但几乎不能假定它在"正常"儿童或成人身上起作用，实际上其与快乐原则相矛盾。快乐原则意味着，一个人一定要在每一种特定的情况下寻求满足——即使它不能提供最大的快乐可能性，即使可能性微乎其微。这种反应的正常发生是由两个因素造成的：一是我们追求快乐的行为的高度适应性和灵活性——弗洛伊德指出，这是健康人区别于神经症患者的特征；二是自动的现实检验过程——导致我们自动记录什么是可以实现的，什么是不可实现的。尽管现实检验过程在儿童身上起作用比在成人身上慢，但是在小女孩在意识到不可能得到玩具店里那个更漂亮的布娃娃——喜欢自己的布娃娃，又一度强烈地渴望玩具店里那个穿得很好的布娃娃——之后，她还是会愉快地继续玩她自己的布娃娃。

让我们暂时接受拉多的假设，即小女孩在自慰中获得的快乐因她们发现阴茎而被破坏。但是，我们可以期望这对她们的受虐冲动的发展有什么帮助呢？拉多的论点如下：发现阴茎带来的极度精神痛苦让女孩产生了性兴奋，为她们提供了一种替代满足。被剥夺自然的满足方式后，她们只能通过痛苦来获得满足。她们在性方面的努力变得具有受虐性。后来，她们可能会认为自己的努力目标是危险的，于是产生各种防御，但性努力（sex striving）本身被永久地转移到受虐上。

假设女孩真的会因为看到一个无法获得的主要快乐来源而遭受严重的痛苦，为什么这种痛苦会让她们产生性兴奋？由于拉多假定的反应是女性受虐倾向的基石，人们希望看到关于这种反应的证据。

由于证据还没有被发现，人们四处寻找支持这一假设的类似证据。相应的证据必须要满足小女孩的案例中给出的前提条件：由于某种痛苦事件的发生，习惯性的性发泄突然中断。不妨想象一下，一个男人有令人满意的性生活，突然被关进监狱，处于严密的监督之下，所有的性发泄方式都被禁止了，这样的人会变成受虐狂吗？他会因为目睹殴打、想象殴打或者实际受到殴打和虐待而产生性兴奋吗？他会沉迷于被迫害和被施加痛苦的幻想中吗？毫无疑问，这样的受虐反应可能会发生。但这只是几种可能反应中的一种，而且这种受虐反应只会发生在以前有受虐倾向的人身上。其他的例子也得出了同样的结论。一个被丈夫抛弃的女人既没有直接的性发泄渠道，也没有对性发泄的期待，可能会产生受虐反应，但她越是泰然自若，就越能暂时放弃性欲，从朋友、孩子、工作或娱乐中获得某种满足。同样，只有在她已经有一种既定的受虐倾向的情况下，她才会有受虐反应。

如果我可以大胆猜测一下是什么隐含的前提促使拉多认为女性的受虐倾向是不言而喻的，那么我认为，是对满足性需求的紧迫性的高估——他将普遍的追求快乐的努力归因于性需求的紧迫性。这就好像当一个人的性发泄渠道被堵住时，他必须立即抓住下一个可以获得性兴奋和性满足的机会。

换句话说，像拉多假设的那种反应肯定存在，尽管绝不是不言而喻或不可避免的。当拉多发现那种反应时，他预设了受虐驱力是早就存在的。那种反应是受虐倾向的一种表现，但不是其根源。

按照拉多的推理，小男孩没有变成受虐狂，这难道不奇怪吗？几乎每个小男孩都能看到某个成年人大得多的阴茎。按照拉多的说法，小男孩认为成年人——父亲——比他们能获得更大的乐趣，这种可以获得更大的快乐的想法会破坏他们在自慰中的享受；他们应该放弃自慰；他们应该遭受严重的精神痛苦——这使他们性兴奋；他们应该把这种痛苦作为一种替代满足，从此成为受虐狂。但这种情况似乎很少发生。

假设女孩发现阴茎的反应是产生严重的精神痛苦，假设一种可能更大的快感破坏了她们可获得快感的想法，假设她们确实因精神上的痛苦而变得性兴奋，并在其中找到了一种替代满足，假设所有这些有争议的考虑都是为了论证目的，那么，为什么她们总是被驱使着在痛苦中寻求满足呢？这里的因果关系似乎不成立。一块掉到地上的石头，除非有外力把它移走，否则它会一直留在那里。一个有生命的有机体，在受到某种创伤性事件的打击后，会使自己适应新的环境。虽然拉多认为随后的防御反应是为了防止危险的受虐冲动而出现的，但他并没有质疑这种努力本身的持久性。弗洛伊德最伟大的科学功绩之一就是他强调童年印象的持久性。精神分析的经验表明，在各种重要的动力性驱力的支持下，在童年时期曾经出现过的情感反应会一直维持下去。如果拉多不认为单一的创伤性打击可以在没有任何人格需求支持的情况下产生持久的影响，那么他必须假设，尽管创伤性打击正在逝去，缺乏阴茎的所谓痛苦事实仍然存在，其结果是放弃自慰，力比多被永久地重新定向到受虐的渠道，但临床经验表明，有受虐倾向的儿童不乏自慰行为[①]。因此，这条所谓的因果链不成立。

尽管拉多不像多伊奇那样认为，这种创伤性事件是女性发展过程中经常发生的、不可避免的事情，但他正确地指出，这种情况必然会以惊人的频率发生。"事实上，根据他的假设，一个女孩只能例外地逃脱受虐倾向的命运。"在得出女性几乎普遍受虐的隐含结论时，他犯了和医生同样的错误——试图在更广泛的基础上解释

---

① 在和大卫·M. 利维的一次通信中，他引用了一些例子。在这些例子中，有受虐幻想的女孩沉溺在这些幻想时也会自慰。他表示，受虐和缺乏自慰之间没有直接的关系。

病理现象，也就是说，从有限的数据中得出毫无根据的结论。在他之前，精神科医生和妇科医生也犯过同样的错误：克拉夫特-埃宾观察到，受虐的男性经常扮演受苦的女性角色，他把受虐现象看成女性气质的过度增长；弗洛伊德从同样的观察出发，假设受虐倾向和女性气质之间有密切的联系；俄罗斯妇科医生涅米洛对女性在卵巢萎缩、月经和分娩方面的痛苦印象深刻，谈到了"女性的血腥悲剧"；德国的李普曼对女性生活中疾病、事故和痛苦的频繁出现印象深刻，他认为脆弱、易怒和敏感是女性品质的基本特征。

弗洛伊德假设，病态与"正常"现象之间没有根本的区别。病态现象只不过是让我们通过放大镜更清楚地看到所有人类身上正在发生的过程。毫无疑问，这一原理拓宽了人们的视野，但我们也应该意识到它的局限性。例如，在处理俄狄浦斯情结时，我们必须考虑到这种局限性。首先，我们可以清楚地在神经症中看到它的存在和含义。这种认识使精神分析师的观察更加敏锐，因此经常能观察到它的轻微迹象。精神分析师得出的结论是，这是一种普遍存在的现象，在神经症患者身上表现得更为突出。这一结论是有争议的，因为人类学研究表明，在与欧美文化差异很大的文化中，俄狄浦斯情结暗示的特殊结构可能并不存在[1]。因此，我们必须假设，父母

---

① Boehm, F., "Zur Geschichte des Ödipuskomplexes," *Int. Zeitschr. f. Psychoanal.*, I (1930).

和子女的这种特殊情感模式只会在某些文化背景中出现。

事实上，我们可以发现同样的原则也适用于女性受虐的问题。多伊奇和拉多对他们经常发现的神经质女性的受虐观念印象深刻。我想，每一个精神分析师都会做出同样的观察，或者会在他们的发现帮助下，使分析更加准确。在女性的社会冲突中（完全在精神分析实践领域之外），在文学作品对女性性格的刻画中，或者在对有外来习俗——比如俄罗斯农妇觉得丈夫打她们是爱自己的表现——的女性的研究中，女性中的受虐现象可以通过有指导和敏锐的观察而被发现，否则它们可能会被忽视。面对这些证据，精神分析师认为他们在这里面对的是一种无处不在的现象，它在心理生物学的基础上以自然法则的规律性运作。

局部考察画面所得到的结果的片面性，源自我们忽视了文化或社会因素——这些因素被排除在有不同习俗的文明中的女性的图景之外。在意图证明受虐倾向在女性天性中根深蒂固的讨论中，沙皇和父权制度下的俄罗斯农妇总是被引用。然而，这个农妇已经演变成自信的苏联女人。如果把殴打作为一种表达感情的手段，她们无疑会感到惊讶。这种变化发生在文化模式方面，而不是发生在特定的女人身上。

一般来说，每当频率问题出现时，就会涉及社会学含义。拒绝从精神分析的角度来关注社会学含义并不能排除它们的存在。忽略这些考虑可能会导致我们对解剖学差异的错误估计，认为其是部分或全部由社会条件造成的现象的主要因素。只有把这两者综合起来，才能得出一个完整的理解。

对于社会学和人类学的研究方法来说，涉及下列问题的资料是相关的：

（1）在各种社会和文化条件下，女性受虐倾向发生的频率有多高？

（2）与男性相比，在各种社会和文化条件下，女性的受虐倾向的频率有多高？

如果这两项调查都证实在所有社会条件下女性都存在受虐观念的观点，并且与男性相比，女性有普遍的受虐现象，那么人们才有理由为这种现象寻求进一步的心理原因。然而，如果没有发现这种普遍存在的女性受虐现象，人们就会希望通过社会学、人类学的研究找到问题的答案：

（1）在什么样的特殊社会条件下，与女性功能相关的受虐行为才会频繁出现？

（2）在什么样的特殊社会条件下，受虐倾向在女性中比在男性中更常见？

在这样的调查中，精神分析的任务是为人类学家提供心理数据。除了性反常和自慰幻想之外，受虐倾向和满足都是无意识的。

人类学家无法探究这些。他们需要的是一种标准，据此他们可以识别和观察那些极有可能说明受虐冲动存在的表现。

给出这些数据相对简单，就像问题一中关于女性功能中的受虐倾向一样。在精神分析经验的基础上，合理地假设受虐倾向是安全的：

（1）出现功能性月经紊乱——痛经、月经过多——的频率很高。

（2）怀孕、分娩时发生心因性障碍——怕生孩子，大惊小怪，感到疼痛——的频率很高。

（3）对性关系的态度频繁出现，暗示性关系是对女人的贬低或剥削。

这些迹象不应被视为绝对存在的。我们应考虑以下两个限制因素：

①在精神分析思维中，假设痛苦或对痛苦的恐惧是由受虐倾向驱动的，或导致受虐狂的满足，似乎已经成为一种习惯。因此，有必要指出，这样的假设需要证据的支持。例如，亚历山大假定带着沉重的背包登山的人是受虐狂，特别是在可以通过坐车或坐地铁更容易到达山顶的情况下。这可能是对的，但更多时候，背着沉重的背包的原因是非常现实的。

②在更原始的部落中，受苦，甚至是承受自己造成的痛苦，

可能是一种抵御危险的魔法思维的表达，与个人的受虐倾向无关。因此，我们只能通过对部落历史的整个结构的基本了解来解释这些数据。

就问题二而言，精神分析很难提供关于受虐倾向的迹象的数据，因为我们对整个现象的理解仍然有限。事实上，受虐倾向并没有超越弗洛伊德的陈述，即它与性和道德有关。然而，有这些尚未解决的问题：它是一种延伸到道德领域的性现象，还是一种延伸到性领域的德现象？道德的受虐和情色的受虐是两个独立的过程，还是仅仅是从一个共同的潜在过程的两组表现？或者受虐可能是对一个复杂现象的统称？

人们觉得用同一个术语来描述差异很大的表现是合理的，因为所有这些表现都有一些共同的倾向：在幻想、梦境或现实世界中安排痛苦的情境；或者在普通人不会感到痛苦的情境中感受痛苦。这种痛苦可能与身体或精神领域有关。与之相关的是某种满足或紧张的缓解，这就是为什么我们要努力追求它。这种满足或紧张的缓解可能是有意识的或无意识的，可能是性的或非性的。非性的功能可能是非常不同的：免于恐惧，赎罪，默许犯下新罪，提出实现无法实现的目标的策略，间接表达敌意。

对这种广泛的受虐现象的认识与其说是鼓舞人心，不如说是令人困惑和具有挑战性的，这些一般性的陈述肯定对人类学家没有多大帮助。然而，如果抛开所有关于条件和功能的科学担忧，只把在具有明显而广泛的受虐倾向的患者身上观察到的那些表面态度作为调查的基础，那么我们可以使用更详细的数据。为了达到这个目的，列举这些态度可能就足够了，而不必详细地追溯到其背后的个人的状况。不用说，并不是每一个属于这一类的患者都有这些态度。然而，整个综合征是如此典型，以至于当精神分析师在治疗开始后发现明显的倾向时，可以预测整个情况——尽管细节各不相同。这些细节涉及外观的顺序，倾向的权重分布，特别是为阻止这些倾向而建立的防御的形式和强度。

让我们考虑一下具有普遍受虐倾向的患者身上有哪些可搜集的数据。在我看来，这类人格的表面结构主线多少是这样的：

有几种方法可以让人从深深的恐惧中获得安慰。放弃是一种方法；抑制是另一种方法；否认恐惧，变得乐观，是第三种方法；等等。被爱是受虐狂使用的特殊安慰手段。他们有一种飘忽不定的焦虑，需要不断看到被关注和喜爱的迹象。除了短暂的时刻之外，他们从不相信这些迹象。他们对关注和喜爱有过度的需求。因此，一般来说，他们在与人的关系中是非常情绪化的；他们很容易依恋别人，因为他们期望别人给自己必要的安慰；他们容易失望，因为他们从来没有得到，也永远无法得到自己所期望的。对"大爱"的期待或幻想，往往起着重要的作用。他们倾向于高估性——作为最常见的获得爱的方式之一，错误地认为性掌握着解决生活中所有问题的方法。这在多大程度上是有意识的，或者他们有多容易发生实际的性关系，取决于他们对这一点的抑制。每当发生性关系或企图发生性关系时，他们总会陷入"不愉快的爱情"。他们曾被遗弃，感到失望，被羞辱，被虐待。在与性无关的关系中，他们变得无能或感觉无能，自我牺牲，顺从，扮演殉道者的角色，感觉或实际上被羞辱、虐待和剥削。虽然他们认为自己无能或感到生活残酷是既定的事实，但在精神分析情境中，人们可以看到，这不是事实，而是一种固执的倾向，这种倾向使他们坚持这样看待自己或生活。这种倾向在精神分析情境中被分析为一种无意识行为，促使他们挑起攻击，让他们觉得自己被毁了，被伤害了，被虐待了，被羞辱了——而没有任何真正的原因。

因为别人的感情和同情对他们至关重要，他们很容易变得过度依赖他人，这种过度依赖在与精神分析师的关系中也表现得很明显。

他们从不相信自己实际可能得到的任何形式的爱（不会紧紧抓住它，把它当作梦寐以求的安慰），这是因为他们的自尊心大大削弱了。他们感到自卑，觉得自己不讨人喜欢，不值得被爱。正是这种缺乏自信使他们觉得，通过表现自卑、软弱和痛苦来博得同情，是他们赢得所需要的爱的唯一手段。我们可以看到，他们的自尊下降根源于他们所谓的对"适当的攻击性"的麻痹。我指的是工作能力。其所需的个人特质包括：主动；努力；坚持到底；追求成功；坚持自己的权利；受到攻击时自卫；形成并表达自己的观点；认识到自己的目标，并能够据此规划自己的人生。在受虐狂身上，人们通常会在这方面发现广泛的抑制，这完全解释了他们在生活斗争中的不安全感、无助感，并解释了他们随后对他人的依赖，以及向他人寻求支持或帮助的倾向。

精神分析揭示了他们在竞争中退缩的倾向，这是他们无法自我主张的另一个原因。因此，他们的抑制来自努力克制自己，以避免竞争的风险。

在这种自我挫败倾向的基础上产生的敌对情绪，也不能得到自由表达，因为它们被认为会危及被爱带来的安慰——这种安慰可以防止焦虑。因此，已经承担了许多功能的软弱和痛苦，现在成为间接表达敌意的工具。

受虐倾向并不总是如此明显，因为它们经常被防御所掩盖，往往只有在后者被移除之后才会清晰地显现出来。对这些防御的分析显然超出了人类学调查的范围，因此我们必须从表面上看待这些防御。其结果是，这些受虐倾向的实例必然逃避了观察。

回顾可观察到的受虐倾向，不管其深层次的动机如何，我建议人类学家寻找有关以下问题的数据。这个问题是，在什么样的社会或文化条件下，女性比男性更频繁地在直接表达要求和攻击时表现出抑制，认为自己软弱、无助或低人一等，并在此基础上含蓄或明确地要求别人给自己好处，在情感上依赖于异性，表现出自我牺牲，顺从，感觉被利用或被剥削，把责任推给异性的倾向，利用软弱和无助追求和征服异性①。

这个问题所涉及的内容是对受虐女性的精神分析经验的直接概括。我也可以给出关于导致女性受虐倾向的原因的概括。我想说的是，在任何包含以下一个或多个因素的文化综合体中，都可能出现这些现象：

（1）扩展性和性的出口受到了阻塞。

（2）限制孩子的数量，因为生育和抚养孩子为女性提供了各种满足（比如温柔、成就、自尊方面的满足）。当生育和抚养孩子成为社会评价女性的主要标准时，这一点就变得更加重要。

（3）认为女人总体上不如男人（这会导致女性自信心的退化）。

（4）女人在经济上依赖于男人或家庭（以情感依赖的方式培

---

① 精神分析的读者可能会觉得，在列举因素时，我没有局限于那些仅在童年时期有影响力的因素。然而，我们必须考虑到，儿童会通过家庭这一媒介，特别是通过他们周围女性所受到的影响，间接感受到这些因素的影响。虽然受虐倾向（和其他倾向一样）主要在童年时期产生，但后来的生活条件起了决定作用（在有的例子中，童年条件并不十分严重，以至于后来的生活条件单独决定了这一倾向的出现）。

养了一种情感适应）。

（5）将女人限制在主要建立在情感纽带上的生活领域，如家庭生活、宗教或慈善工作。

（6）适婚女人过剩，尤其是当婚姻提供了获得性满足、子女、安全和社会认可的主要机会①时。这种情况与女性在情感上依赖男性有关。一般来说，这种依赖不是自主的，而是由现有的男性意识形态塑造的。它在女性之间造成了一种特别强烈的竞争，由此产生的退缩是促成受虐现象的一个重要因素。

所有列举的因素都是重叠的，例如，如果其他竞争的渠道（如职业）被封锁，女性之间的性竞争就会更加激烈。似乎没有任何一个因素是导致这种偏离发生的唯一原因。

我们必须考虑这样一个事实，即当某些或所有的因素出现在某种文化中时，可能会出现某些关于女性"本性"的固定意识形态，比如认为女性天生软弱，情绪化，享受依赖他人，在独立工作和自主思考的能力方面受到限制的观念。人们很容易把认为女性天生爱受虐的精神分析观点纳入这一范畴。很明显，这些意识形态不仅将

---

① 然而，必须记住，社会规训，如家庭包办婚姻，会大大降低这一因素的有效性。这一考虑也揭示了弗洛伊德的假设，即女性通常比男性更会嫉妒他人。这个说法可能在目前的德国和奥地利文化中是正确的。然而，从更纯粹的解剖生理学来源（阴茎嫉羡）中推断出这一点并不令人信服。虽然在个别情况下可能如此，但这种概括性意见——独立于社会条件——与前面提到的基本反对意见一样，是站不住脚的。

女性描述为不可改变的从属角色，而且试图给女性植入一种信念，即它代表了她们渴望的实现，或者是值得赞扬和值得努力的理想。这些意识形态对女性的影响得到了加强，因为表现出特定特征的女性更容易被男性选中。这意味着，女性的情爱可能性取决于她们是否符合构成她们"真实本性"的形象。因此，毫不夸张地说，在这样的社会组织中，受虐倾向在女性中受到青睐，而在男性中则不受鼓励。诸如情感上对异性的依赖（藤属性），沉迷于"爱"，抑制扩张、自主发展等品质，在女性身上被认为是相当可取的，但在男性身上出现时，男性却会受到谴责和嘲笑。

人们可以看到，这些文化因素对女性产生了强大的影响。事实上，在我们的文化中，很难看到任何一个女人能在某种程度上避免受到文化的影响（无需谈及女性的生理解剖特征及其心理影响），不成为受虐狂。

然而，某些作家——其中包括多伊奇，从精神分析的经验中归纳出神经症女性，并认为我所提到的文化情结本身就是这些生理解剖特征的影响。在给出人类学调查报告之前，驳斥这种过度概括是无用的。然而，让我们来看看女性身体组织中的因素——实际上使得她们接受了受虐狂的角色。在我看来，女性身上可能为受虐现象的滋生准备土壤的生理解剖因素如下：

（1）男性的平均体力比女性好。根据人类学家的说法，这是一种后天的性别差异。尽管如此，如今它仍然存在。虽然软弱并不等同于受虐，但意识到身体力量的劣势可能会助长一种受虐女性角色的情感观念。

（2）被强奸的可能性同样可能在女人中产生被攻击、被制服、被伤害的幻想。

（3）月经、卵巢萎缩和分娩，只要是流血甚至痛苦的过程，就很容易成为受虐驱力的发泄途径。

（4）性交中的生理差异也有助于受虐倾向的出现。施虐和受虐与性交基本上没有任何关系，但女性在性交中的角色（被插入）更容易导致其对受虐的误解；于男性角色而言，则是对施虐行为的曲解。

这些生物性的功能本身对女性来说没有受虐的内涵，也不会导致受虐的反应。但是，如果其他来源①的受虐需要存在，那么她们可能很容易出现受虐幻想，这反过来导致它们提供受虐的满足。除了承认女性在某种程度上对受虐观念早有心理准备之外，关于她们的生理与受虐狂的关系的每一个说法都是假设性的。成功的精神分析后所有受虐倾向消失，以及非受虐女性毕竟存在等事实，警告我们不要高估这种心理准备。

总而言之，我们不能仅仅认为女性的受虐倾向与女性的生理解

---

① 我将在以后提出我所认为的受虐倾向的来源。

剖和心理特征中固有的因素有关，而必须认为其也受到了文化背景或社会组织——受虐女性在其中成长——的制约。直到我们在几个与我们明显不同的文化背景中使用有效的精神分析标准进行人类学调查之前，我们无法评估这两类因素的权重。很明显，一些人高估了生理解剖和心理因素的重要性。

第
十
四
章

女性青少年的人格变化[1]

---

① 1934年美国精神病学会会议上的报告。*The American Journal of Orthopsychiatry*, Vol. V, No. 1 (January 1935), pp. 19-26.

在分析患有神经症或人格障碍的成年女性时，我们经常会发现这两种情况：①尽管在所有情况下，决定性的冲突都是在童年早期出现的，但最初的人格变化是在青春期发生的。在这一时期，它们往往还没有引起环境的警觉，也没有给人以危害未来发展或需要治疗的病理表现的印象，而被认为是这一阶段自然出现的暂时的麻烦，甚至被认为是可取的和有希望的迹象。②这些变化的发生与月经的开始大致吻合。这种联系并不明显，要么是因为患者没有意识到这种巧合，要么就是即使她们观察到了时间上的巧合，也没有赋予它任何意义——因为她们没有注意到或"忘记"了月经对她们的心理暗示。与神经症症状相反，人格的变化是循序渐进的，这也有助于掩盖和模糊真正的联系。通常，只有当患者对月经令她们产生的情绪影响有了深入的了解之后，才会自然而然地看到这种联系。我暂时倾向于将这些变化区分为四类：

（1）女孩沉迷于升华了的活动，对情色产生厌恶。

（2）女孩变得沉迷于情色（男孩狂），失去了对工作的兴趣和工作的能力。

（3）女孩在情感上变得"超然"，有一种"不在乎"的"态度"，不能对任何事情投入精力。

（4）女孩有同性恋倾向。

这种分类是不完整的，当然没有涵盖全部的可能性（例如向妓女和罪犯的心理变化），只涉及我有机会直接或通过推断，在偶然来治疗的患者中观察到的那些变化。这种划分是武断的，就像行为类型的划分必然是武断的一样。在现实中，各种各样的过渡和混合经常出现。

第一类女孩对两性的解剖和功能差异以及繁殖之谜等问题表现出天然的好奇心，她们被男孩所吸引，喜欢和他们一起玩。在青春期前后，她们突然被精神问题、宗教、伦理、艺术或科学追求所吸引，同时她们对情色失去了兴趣。通常，经历这种变化的女孩不会在这个时候来接受治疗，因为家人对她们认真和没有轻浮倾向感到高兴。她们的问题并不明显。问题只会在以后的生活中出现，尤其是在她们结婚之后。由于以下两个原因，人们很容易忽视这种变化的病理性质：①在这几年里，人们预期会对某些智力活动产生浓厚的兴趣；②女孩自己在很大程度上并没有意识到她们真的对性有厌恶。她们只是觉得自己对男孩失去了兴趣，或多或少不喜欢跳舞、约会和调情，并逐渐远离男孩。

第二类则呈现出相反的画面。非常有天赋、前途的女孩在这个时候对除了男孩之外的一切都失去了兴趣，无法集中注意力，在从事脑力活动后很短的时间内就会放弃这些活动。她们完全沉浸在情色中。这种转变被认为是"自然的"。人们会说，这个年龄的女孩关注男孩、舞蹈，和男孩调情是"正常的"。也许是这样，但接下来的趋势呢？女孩不由自主地爱上了一个又一个男孩，却并不真正关心他们中的任何一个，在她们确信已经征服了他们之后，她们不是抛弃他们，就是挑动他们抛弃自己。她们觉得自己完全没有吸引力——尽管有相反的证据，而且她们通常害怕发生实际的性关系，在社会需求的基础上合理化这种态度，尽管真正的原因是她们性冷淡——当她们最终冒险迈出那一步时就会表现出来。一旦身边没有男人爱慕她们，她们就会变得沮丧或忧虑。此外，她们对男孩的关注而使她们的其他兴趣被迫退居次要地位。她们对待工作的态度并不是这一事实的"自然"结果。这个女孩实际上雄心勃勃，并且强烈地感到自己无能为力。

第三类在工作和爱情的领域都受到抑制。同样，这在表面上并不一定很明显。从表面上看，她们可能给人一种适应得很好的印象。她们在社交方面没有困难，有男性和女性朋友，精于世故，对性的一切都畅所欲言，假装毫无顾忌，有时也会进入另一种性关系，而不会在其中任何一种性关系中投入感情。她们是超然的、疏离的，是自己和他人的观察者，是生活的旁观者，可能会用超然态度来欺骗自己，但至少有时，她们敏锐地意识到，自己与任何人或任何事物都没有深刻的、积极的情感联系。没有什么是重要的。她们的活力和天赋，与她们缺乏深度之间，存在着明显的不一致。通常她们觉得自己的生活空洞、无趣。

第四种人最容易被刻画，也最广为人知。这样的女孩完全远离男孩，并与女孩产生好感和强烈的友谊。这种性特征可能是有意识的，也可能是无意识的。如果她们意识到这些倾向的性特征，就可能会产生强烈的罪疚感，就好像自己是一个罪犯一样。她们对待工作的态度可能会有所不同。她们野心勃勃，胜任工作，但经常难以坚持自己的主张，或者在讲求效率的间隙出现"神经崩溃"。

这是四种非常不同的类型。即使是表面的观察，如果足够准确，也能表明她们共同的倾向：对女性形象的不自信，对男性的敌对态度，以及爱无能。如果她们不完全回避女性角色，她们就会反抗它，或者以一种扭曲的方式夸大它。在所有这些案例中，与性有关的罪疚感比她们承认的要多得多。"并不是所有嘲笑自己枷锁的人都是自由的。"①

精神分析观察显示出一种更为惊人的相似之处，以至于人们很容易在一段时间内忘记她们在对待生活的态度上所表现出的差异：

她们对所有人都普遍怀有一种敌意，但对男人和女人的态度有所不同。对男人的敌意在强度和动机上各不相同，而且比较容易出

---

① "Es sind nicht alle frei, die ihrer Ketten spotten." (Schiller)

现，而对女人的敌意则是一种具有破坏性的敌意——因此这种敌意是深藏不露的。她们可能模糊地意识到它的存在，但从未意识到它的真正范围，它的暴力和无情，以及它的进一步影响。

她们都对自慰抱有强烈的防御态度。她们最多可能记得小时候自慰过，但否认自慰曾经起过作用。在意识层面上，她们对此相当诚实。她们真的不自慰，或者只是以一种非常伪装的形式去自慰，在意识层面没有这样做的需求。正如后面所显示的那样，这种强烈的冲动是存在的，但与她们人格的其他部分完全分离，并被隐藏起来，因为其与巨大的内疚和恐惧的感觉混合在一起。

是什么导致了她们对女性的极端敌意呢？从她们的生活史来看，只有一部分是可以理解的。某些对母亲的指责出现了：对她们缺乏温暖、保护、理解，偏爱男孩，对性纯洁有过于严格的要求。这一切或多或少都有事实支撑，但她们自己却觉得这种敌意与大量的怀疑、蔑视和仇恨不成比例。

然而，在她们对女性精神分析师的态度中，真正的含义变得显而易见。忽略技术细节，忽略个体差异，忽略防御类型的差异，下面的画面逐渐清晰起来：她们确信不被精神分析师喜欢；她们怀疑精神分析师对患者是恶意的，憎恨她们的幸福和成功，特别是谴责她们的性生活，干涉她们的性生活或自己想那样做。

虽然这被认为是对罪疚感的反应，是恐惧的表达，但人们逐渐看到，她们有感到忧虑的理由，因为她们在分析情境中对精神分析师的实际行为是由一种巨大的蔑视和击败精神分析师的倾向所决定的。

然而，实际的行为仍然只是现实层面上存在的敌意的一种表达。它的全部范围，只有当一个人进入梦境和白日梦中出现的幻想生活时，才会被揭示出来。在这里，敌意以最残酷、最古老的形式表现出来。

这些粗糙、原始的冲动在幻想中表现出来，让我们能够理解对母亲和母亲形象的罪疚感的深度。此外，它们最终使我们能够理解为什么自慰一直被完全压抑，并且在目前仍然带有恐怖色彩。这些幻想伴随着自慰，因此引起了对自慰的罪疚感。换句话说，罪疚感与自慰的身体过程无关，而与幻想有关。然而，被压抑的只有身体过程和对自慰的渴望。这些幻想一直生活在深处，由于在幼年时就被压抑了，所以一直保持着它们幼稚的特征。尽管个体没有意识到它们的存在，却一直以罪疚感来回应它们。

然而，自慰的身体部分也并非不重要。强烈的恐惧由此产生，其本质是害怕被伤害，害怕被伤得无法修复。这种恐惧的内容不是有意识的，但是我们在（从头到脚的所有身体部位的）各种疑病症中看到了它的表达：害怕她们作为女人有什么问题，害怕她们永远不能结婚和生孩子，害怕自己不够吸引人。虽然这些恐惧可以直接追溯到自慰行为，但它们也只有从自慰的精神含义中才能得到理解。

这种恐惧实际上意味着："因为我对我的母亲和其他女人有残酷的、破坏性的幻想，我应该害怕她们想以同样的方式毁灭我。正所谓'以眼还眼，以牙还牙'。"

对报复的恐惧也是她们对精神分析师感到不自在的原因。尽管她们在意识层面对精神分析师的公正和可靠抱有信心，但还是禁不住深感忧虑，担心悬在她们头上的宝剑一定会落下。她们不禁感到精神分析师恶意地、故意地想折磨她们。她们不得不在让精神分析师不高兴的危险和暴露自己的敌对冲动的危险之间，选择一条狭窄的道路。

因为她们总是害怕遭到致命的攻击，所以很容易理解她们为什么觉得有必要保护自己。她们确实这样做了，通过回避和试图击败精神分析师。因此，她们的敌意有一种防御的内涵。同样，她们对母亲的大部分仇恨也有同样的内涵，即对母亲感到内疚，并通过反对母亲来避开与这种内疚相关的恐惧。

当这一切都完成后，对母亲的敌意的主要来源在情感上是可以理解的。它们的痕迹从一开始就可见于这样一个事实：除了第二类（她们与其他女孩竞争，尽管她们非常忧虑），其他类别的女孩都小心翼翼地避免与其他女孩竞争。只要有别的女人，她们就立即撤退。她们确信自己缺乏吸引力，觉得自己不如周围的其他女孩。她们可能会被观察到避免与精神分析师竞争。竞争性的内心挣扎隐藏在她们无望地觉得自己不如精神分析师背后。即使最终她们不得不承认自己有竞争的意图，她们也只在涉及工作所需的智力和能力方面，承认自己有竞争的意图。她们回避比较恰恰表明存在女性水平上的竞争。例如，她们总是压抑对精神分析师外表和衣着的轻蔑想法。如果这种想法浮出水面，她们就会陷入致命的尴尬。

她们必须避免竞争，因为在童年时期与母亲或姐姐有特别强烈的竞争。通常下列因素中的一种或另一种极大地加剧了女儿与母亲或姐姐的自然竞争：性发育不成熟，性意识不强；早期的恐吓使她们无法感到自信；父母之间的婚姻冲突，迫使女儿站到父母中的一边；母亲公开或隐蔽地拒绝女儿；父亲对女儿表现出过于深情的态度，可能是过度关注女儿，也可能是公然的性接近。总结一下，我们发现这种恶性循环已经形成：对母亲或姐妹的嫉妒和竞争；敌对冲动在幻想中复现；内疚和害怕被攻击、惩罚；防御性的敌意；强化的恐惧和内疚。

这些来源的内疚和恐惧，如我所说，最牢固地根植于自慰幻想中。然而，它们并不局限于这些幻想，而是或多或少地蔓延到所有的性欲和性关系中。它们被转移到与男人的性关系上，并使之笼罩在一种内疚和忧虑的气氛中。它们在很大程度上要为女人与男人的关系不令人满意负责。

还有其他原因造成了这一结果，这些原因与女性对男性的态度有更直接的关系。我只会简单地提到它们，因为它们与我在本文中要强调的关系不大。她们可能对男性怀有一种由来已久的怨恨，这种怨恨源自过去的失望，并导致了一种隐秘的复仇欲望。此外，在感觉自己不讨人喜欢的基础上，她们预期自己会被男性拒绝，并对他们做出敌对的反应。由于女性的角色充满了冲突，她们往往放弃女性角色，发展出男性化特征，并把竞争倾向带到她们与男性的关系中——在男性化的领域与男性竞争，而不是与女性竞争。如果这种男性角色对她们来说是非常可取的，她们可能会对男性产生强烈的嫉妒，并倾向于贬低男性的能力。

这类女孩进入青春期后会发生什么呢？在青春期，力比多张力会增加；性需求激增，必然会遇到内疚和恐惧反应的障碍。这些又被真实性经验的可能性所强化。此时月经的发作，对于有自慰伤害恐惧的女孩来说，在情感上意味着这种伤害实际上已经发生的明确证据。关于月经的常识在此时起不到任何作用，因为理解是肤浅的，恐惧是深刻的。形势变得越来越严峻。欲望和诱惑很强烈，恐惧也很强烈。

似乎我们无法长期有意识地忍受在焦虑之下生活。患者说："我宁愿死，也不愿焦虑发作。"因此，在这样的情况下，生命的需要迫使我们寻求保护，也就是说，我们试图自动地改变我们对生活的态度——要么避免焦虑，要么采取预防焦虑的措施。

所讨论的四种类型的基本冲突代表了避免焦虑的不同方式。选择不同方式这一事实说明了类型间的差异。尽管它们的目的都是避免同样的焦虑，但它们让个体发展出迥异的特征和出现迥异的倾向。第一类女孩通过完全避免与女性竞争和几乎完全回避女性角色来保护自己免受恐惧的侵袭。她们的竞争欲望从最初的土壤中被连根拔起，移植到某种精神领域中。为了拥有最好的品格、最高的理想或成为最好的学生而竞争，而不是竞争男人，她们的恐惧同时大大减弱。她们对完美的追求也帮助她们克服了罪疚感。

这个解决办法虽然很激进，但暂时有很大的好处。若干年后，她们可能会感到心满意足。相反的一面只有在她们最终与男人接触时才会出现，尤其是在她们结婚的时候。人们可以观察到，她们的自满和自信突然崩溃了，满足、快乐、能干、独立的女孩变成了不满的女人，深受自卑感的困扰，很容易沮丧，不愿积极承担婚姻的责任。她们性冷淡，对丈夫没有爱情，取而代之的是竞争的态度。

第二类女孩并没有放弃对其他女性的竞争态度。她们对其他女性的有意识抗议驱使她们一有机会就打败她们。与第一类女孩相比，她们有一种不可控的焦虑。她们避开这种焦虑的方法就是依附于男人。当第一类女孩从战场上撤退时，第二类女孩却在寻找盟友。她们对男人永不满足的渴望并不表明她们天生就更需要性满足。事实上，如果她们真的发生性关系，她们也会被证明是性冷淡。一旦她们没有一个或几个男朋友，男人对她们所起的安慰作用就变得显而易见了。然后她们的焦虑浮出水面，她们感到孤独、没有安全感和失落。赢得男人的赞赏也为她们提供了安慰，因为她们害怕不"正常"——正如我所指出的，这是害怕被自慰伤害的结果。与性有关的内疚和恐惧太多了，以至于无法让她们与男性建立满意的关系。因此，只有不断重新征服男性，才能达到使她们安心的目的①。

第四类潜在的同性恋者，试图通过过度补偿她们对女性的破坏性敌意来解决这个问题。"我不恨你，我爱你。"有人可能会把这种改变描述为对仇恨彻底、盲目的否认。她们这样做能否成功取决于个人因素。她们的梦通常表现出对吸引自己的女孩极度暴力和残忍。她们与女孩关系的失败使她们陷入绝望的痉挛，常常使她们易于选择自杀——这表明她们将攻击转向了自己。

和第一类一样，她们完全回避自己的女性角色，唯一的区别是，她们更明确地发展出了男性形象。在不涉及性的层面上，她们与男性的关系往往没有冲突。此外，第一类女孩完全放弃了性行

①　在《精神分析季刊》上发表的《对爱情的高估：关于普遍存在的现代女性类型的研究》一文中，有更准确的描述。

为，但第四类女孩只放弃了对异性恋的兴趣。

第三类女孩所追求的解决方案与其他类的截然不同。虽然其他类的女孩都是通过在情感上依附于某些人或事物——成就、男人、女人——来获得安慰，但第三类女孩的主要方式是阻碍自己的情感生活，从而减少恐惧。"不要感情用事，这样你就不会受伤。"这种超然的原则也许对对抗焦虑来说是最有效、最持久的，但为此付出的代价似乎非常高昂，因为它通常意味着活力和自发性的衰减，以及可用能量的锐减。

任何熟悉复杂的心理动力——导致一个看似简单的结果——的人，都不会把这些关于四种类型的人格变化的陈述误认为是对其心理动力的完全揭示。我们的意图并不是对同性恋或超然现象给出"解释"，而是仅仅提供一个看待它们的视角，认为它们代表了类似潜在冲突的不同解决方案或假性解决方案。选择哪种解决方案并不像"选择"一词可能暗示的那样，取决于女孩的自由意志，而是完全由童年事件的串联和女孩对它们的反应决定的。

环境的影响可能是如此令人信服，以至于只有一种解决方案是可能的。然后，人们就会遇到纯粹的、清晰描绘的类型。另一些人则受到青春期或青春期后经历的驱使，放弃一种方式，尝试另一种方式。例如，在一段时间内是女性唐璜类型的女孩，可能会在以后发展出禁欲主义倾向。此外，人们可能会发现有人在同时尝试不同的解决方法，例如，对男孩着迷的女孩可能会表现出超然的倾向，而从来没有表现为第三种类型。在第一类和第四类之间可能有难以察觉的转变。如果我们理解了在这些清晰的类型中所表现的各种态度的基本作用，那么，图画中的变化和典型倾向的混合就不会给我们的理解带来任何特别的困难。

还有一些关于预防和治疗的评论。我希望，即使从这个粗略的概述中，大家也能明显地看出，在青春期所做的任何预防性努力，比如关于月经的启蒙教育，都来得太晚了。启蒙是在智力层面上接受的，并没有触及被深深阻隔的婴儿期恐惧。只有从婴儿出生的最初几天就开始预防，才会有效。我认为，人们可以这样表述预防的目的：教育孩子们拥有勇气和耐力，而不是让其充满恐惧。然而，所有这些笼统的公式化教育可能是一种误导，而无法给孩子提供帮助，因为它们的价值完全取决于人们从中得出的特殊而准确的含义。这些含义应该被详细讨论。

我认为关于治疗，小问题可以在良好的生活环境中得到解决。我怀疑相比精神分析师，使用不那么精确的心理诊断工具的心理治疗师能否察觉这种明确的人格变化——因为与任何单一的神经症症状相比，这些障碍表明整个人格的基础不够稳固。然而，我们不能忘记，即便如此，生活也可能是更好的治疗师。

对爱的神经质需求①

---

① 1936年12月23日在德国精神分析学会会议上的讲话。"Das neurotische Liebesbedürfnis," *Zentralbl. f. Psychother.*, 10 (1937), pp. 69-82.

本章我想讨论的话题是对爱的神经质需求。我可能不会向你们展示新的观察结果，因为你们已经熟悉了临床材料，这些材料已经以这样或那样的形式被描述过很多次了。由于主题广泛而复杂，我必须将自己限制在几点。我将尽可能简短地描述有关的现象，但会详细讨论它们的意义。

在这方面，我理解"神经症"一词不是指情境化神经症，而是指人格神经症——这种神经症始于童年早期，或多或少包含了整个人格。

当我谈到对爱的神经质需求时，我指的是在几乎每一种神经症中——以不同形式和意识水平——存在的现象。这种现象表现为神经症患者对被爱、被尊重、被认可、被帮助、被建议和被支持的需求的增加，以及对这些需求不被满足的敏感性。

对爱的正常需求和对爱的神经质需求有什么不同？我把在特定文化中很平常的东西称为正常。我们都希望并享受被爱。被爱丰富了我们的生活，给我们一种幸福的感觉。从这个意义上说，对爱的需求——或者更准确地说，对被爱的需求——并不是一种神经质现象。在神经症患者身上，对爱的需求增加了。如果服务员或卖报纸的人不像平时那么友好，这可能会影响他们的情绪。这种情况也可能发生在聚会上每个人对他们都不友好的时候。我不需要举更多的例子，因为这些现象是众所周知的。对爱的正常需求和对爱的神经质需求的区别可以概括如下：

对于健康的人来说，得到他们所尊敬或依赖的人的爱、尊敬是很重要的，而对神经质患者来说，对爱的需求是强迫性的和不分青红皂白的。

我们在精神分析中可以很好地观察到这些反应，因为在患者与精神分析师的关系中有一个特点，使之与其他人际关系区别开来。在分析中，精神分析师相对缺乏情感介入，患者自由联想，这两点使得观察这些反应比在日常生活中更容易。然而，神经症可能不同。我们可以一次又一次地观察到患者愿意牺牲很多来得到精神分析师的接纳，以及他们对任何可能引起精神分析师不快的事情都非常敏感。

在对爱的神经质需求的所有表现中，我想强调在我们的文化中非常常见的一种，那就是对爱的高估。我想特别指出的是一种神经质的女性：只要没有人对她们忠诚，没有人爱她们或以某种方式关心她们，她们就会感到不快乐、没有安全感和沮丧。我说的也包括那些对结婚具有一种强迫性渴望的女性。她们一直盯着人生中的这一点——结婚，就像被催眠了一样，尽管她们自己完全没有能力去爱，她们与男人的关系也出了名的糟糕。这样的女人无法发挥她们的创造潜力和才能。

对爱的神经质需求的一个重要特征是永不满足，表现为一种极端的嫉妒——"你必须只爱我一个人"。我们可以在许多婚姻、爱情和友谊中观察到这种现象。我在这里的理解是，嫉妒并不是一种基于理性思考的反应，而是一种永不满足的反应，要求对方只爱自己。

对爱的神经质需求的另一种表现是对无条件的爱的需要，这种需要表现为"你必须爱我，不管我的行为如何"。这是一个重要的因素，尤其是在分析开始的时候。患者可能给人的印象是，其行为具有挑衅性，不是出于攻击他人的目的，而是试图知道"如果我表现得很糟糕，你还会接受我吗"。这些患者对精神分析师的声音中最细微的变化非常敏感，他们认为这种变化似乎证明"你看，你终究是受不了我的"。对无条件的爱的需要也表现在他们不需要付出任何东西就能被爱的要求上。"爱一个会回报的人很简单，但让我看看你是否爱我，如果你没有得到任何回报。"就连患者必须付钱给精神分析师这一事实，也向他们证明，精神分析师的主要意图不是帮助自己。如果是的话，精神分析师就不应该从治疗患者中获得任何好处。甚至在他们的性生活中，他们可能会觉得："你爱我只是因为你从我这里得到了性满足。"对方必须通过牺牲自己的道德观、名誉、金钱、时间等来证明自己真的爱他们。任何达不到这一绝对要求的言行都被视为拒绝。

观察到神经症患者对爱的永不满足的神经质需求，我问自己，神经症患者所渴望的是否真的是爱，或者说他们实际上并不是为了物质利益？对爱的需求，也许仅仅是一种隐蔽的愿望的伪装，以从另一个人那里得到某种帮助或时间、金钱、礼物等。

这个问题不能笼统地回答。从那些确实渴望情感、尊重、帮助的人，到那些似乎对情感一点也不感兴趣，却想要利用和拿走他们所能得到的一切的神经症患者，存在着广泛的个体差异。在这两个极端之间，又有各种各样的过渡。

在这一点上，下面的评论可能是合适的。那些在意识层面已经彻底否定了爱情的人会说："这种关于爱情的说法，简直是一派胡言。给我讲点真实的吧！"这些人在生命的早期就经历了深深的痛苦，他们相信没有爱情这种东西。他们把爱情从生活中完全抹去了。对这些人的分析似乎证实了我的假设的真实性。如果他们在分析中停留的时间足够长，他们就会开始相信善良、友谊和感情是真实存在的。然后，他们对物质贪得无厌的欲望和渴望消失了。一种真诚渴望被爱的欲望出现了，起初是微妙的，然后越来越强烈。在某些情况下，我们可以清楚地观察到对爱贪得无厌的欲望与普遍的贪婪之间的联系。当这些表现出贪得无厌这一神经质性格特征的人发展恋爱关系时，当这些关系随后由于内在原因而破裂时，这些人可能会开始毫无节制地吃东西，体重可能会增加20磅或更多。当他们开始一段新的爱情关系时，他们就会减掉多余的体重，这样的循环可能会重复很多次。

对爱的神经质需求的另一个标志是对拒绝极度敏感，这在具有歇斯底里特征的人身上很常见。他们把各种各样的事情都看作拒绝，并以强烈的仇恨做出反应。我的一个患者有一只猫，偶尔会对他的关心没有反应。有一次，他一怒之下，把猫往墙上一扔。这是一个典型的例子，无论拒绝的形式如何，都可能引发愤怒。

对真实或想象的拒绝的反应并不总是明显的，更多的时候是隐藏的。在分析中，隐藏的仇恨可能表现为缺乏生产力，怀疑分析的价值，或表现为其他形式的抵抗。患者可能会变得抗拒，因为他把一种解释当作一种拒绝。虽然我们相信我们给了他一些现实的见解，但他读到的只是批评和蔑视。

在患者身上，你会发现一种无意识且不可动摇的信念——他们会认为世上没有爱这种东西。这些患者通常在童年时有过严重的失望，这种失望使他们一劳永逸地从生活中抹去了爱、感情和友谊。与此同时，这种信念也起到保护作用，使他们不用去体验被拒绝的感觉。这里有一个例子：我的咨询室里有一尊我女儿的雕塑。一位患者曾经问我——她承认她早就想问我这个问题了——我是否喜欢这个雕塑。我说因为它代表我的女儿，所以我喜欢它。患者被我的回答吓了一跳，因为"爱"和"感情"对她来说只是空话，她从来不相信。

当这些患者通过预先设定的他们不被喜欢的假设来保护自己免受实际的拒绝时，其他人通过过度补偿来保护自己免于失望。他们把实际的拒绝扭曲成一种自尊的表达。最近我有三个患者有这样的经历：一个患者申请了一个职位，结果被告知不适合他——这是典型的礼貌的美国式拒绝。他认为这意味着他太优秀了，不适合这份工作。还有一个患者幻想，在疗程结束后，我会走到窗口看着她离开。她后来承认，自己非常害怕被我拒绝。第三个患者是少数几个我不尊重的人之一。虽然他做的梦清楚地表明，他确信我蔑视他，但他成功地使自己有意识地相信我非常喜欢他。

如果我们意识到这种对爱的神经质需求是多么巨大，意识到一个神经质的人愿意接受多少牺牲，意识到为了得到爱和尊重，为了得到善意、建议和帮助，他们会在非理性的行为中走多远，我们就必须问自己，为什么他们很难得到这些东西。

他们并没有成功地获得自己所需要的爱的尺度。原因之一是他们对爱的需求永远无法满足，因此，除了极少数例外，什么都是不够的。如果深入研究，我们会发现另一个原因，隐含在第一个原因中。那就是神经质的人没有能力去爱。

给爱下定义是非常困难的。在这里，我们可以满足于用非常一般和非科学的术语来描述它，把它描述为一种自发地把自己献给人、献给事业或献给思想的能力，而不是以自我为中心的方式为自己保留一切。神经质的人通常做不到这一点，这是因为他们通常在生命早期就获得了焦虑和许多潜在的和公开的敌意——他们自己受到了不好的对待。这些敌意在他们的发展过程中大大增加。然而，出于恐惧，他们一次又一次地压抑着这些敌意。结果，要么是因为恐惧，要么是因为敌意，他们无法让自己得到。出于同样的原因，他们也不能真正为他人着想。他们几乎不考虑别人能给予或想要给予自己多少爱、时间和帮助。因此，如果对方需要独处，或者有时间和兴趣去追求其他目标或其他人，他们就会认为这是一种伤害性的拒绝。

神经质的人通常没有意识到自己没有能力去爱。他们不知道自己不能爱。有些神经质的人会公然说："是的，我不会爱。"然而，更常见的是，一个神经质的人生活在一种错觉中，认为他是一个伟大的爱人，他有特别强的付出能力。他会向我们保证："对我来说，给予别人是很容易的，给予自己却不行。"这并不像他认为的那样，是出于对他人的关怀，而是出于其他因素。这可能是由于他对权力的渴望，也可能是由于他觉得除非他对别人有用，否则他不会被别人接受。此外，他会强烈地抑制自己有意识地为自己寻求任何东西，抑制自己的快乐愿望。这些禁忌和神经质的人偶尔会为别人做点什么的事实，强化了他们能够爱的幻觉。他们坚持这种自我欺骗，因为它有一个重要的功能，就是证明自己对爱的需求是正当的。如果他们意识到自己根本不关心别人，那么要求别人给予那么多的爱将站不住脚。

这些想法有助于我们理解"大爱"的幻觉，这是我今天无法深入探讨的问题。

我们已经开始讨论神经症患者为何难以获得他们所渴望的亲情、帮助、爱的原因。到目前为止，我们已经找到了两个原因：他们贪得无厌和没有能力去爱。第三个原因是他们极度害怕被拒绝。这种恐惧非常强烈，以至于他们不敢向别人提出问题，甚至不敢做一个友好的手势。他们一直生活在害怕别人会拒绝自己的恐惧中。由于害怕被拒绝，他们甚至可能不敢送礼物。

正如我们所看到的，在这种神经质的人身上，真实的或想象的拒绝都会产生强烈的敌意。对拒绝的恐惧和他们对拒绝的敌意反应导致他们越来越退缩。在不太严重的情况下，善良和友好可能会让神经质的人暂时感觉好一点。更严重的神经质患者无法接受任何程度的人类温暖。他们可以被比作一个正在挨饿但双手被绑在背后的人。他们确信自己不可能被爱——这是一种不可动摇的信念。这里有一个例子：我的一个患者想把他的车停在一家酒店前面，门卫过来帮他。当我的患者看到门卫走过来时，他吓坏了，心想"天啊，我一定是停错了地方"。或者，如果一个女孩很友好，他会把她的友好理解为讽刺。你们都知道，当你对这样的患者真诚地赞美时——比如说他们很聪明，他们就会相信你这么做是出于治疗的考虑，因此不是真心的。这种不信任或多或少是有意识的。

在接近精神分裂症的案例中，友善会产生严重程度的焦虑。我的一个朋友对精神分裂症患者有着丰富的经验，他告诉我，有个患者偶尔会要求他额外治疗一次。我的朋友会做出一副恼火的表情，翻看他的预约簿，最后抱怨道："好吧，如果非来不可，那就来吧！"他之所以这样做，是因为他意识到友善可能会给这些人带来焦虑。这些反应也经常发生在神经症患者身上。

请不要把爱和性混为一谈。一位女患者曾经告诉我："我对性一点也不害怕，但我非常害怕爱。"事实上，她几乎连"爱"这个词的发音都发不出来，她竭尽所能地与人保持内心的距离。她很容易进入性关系，甚至达到了完全的性高潮。然而，在情感上，她与男人保持着距离，谈论他们就好像在谈论汽车。

这种对任何形式的爱的恐惧都值得单独详细讨论。从本质上讲，这些人通过把自己封闭起来，保护自己免受生活的巨大恐惧，通过压抑自己来获得安全感。

问题的一部分是他们害怕依赖。因为这些人实际上依赖于别人的感情，因为他们需要别人的感情就像一个人需要呼吸空气一样，所以他们陷入一种折磨人的依赖关系的危险确实是非常大的。他们更害怕任何形式的依赖，因为他们确信别人对他们怀有敌意。

我们经常可以观察到，同一个人在人生的某一阶段是如何完全地、无可奈何地依赖他人，而在另一阶段，他又是如何竭力避开任何让他产生依赖倾向的东西。有一个年轻的女孩，在进入精神分析之前，有过几次带有性特征的恋爱，所有的恋爱都以大失所望告终。在那些时候，她变得极度不快乐，沉湎于自己的痛苦之中，觉得自己只能为这个特别的男人而活，仿佛没有他，她的整个生命就没有了意义。其实，她和这些男人完全没有情感联结，对他们中的任何一个人都没有真正的感情。在有了几次这样的经历之后，她的态度反转了，她过度焦虑地拒绝任何可能的依赖。为了避免依赖带来的任何危险，她完全封闭了自己的感情。她现在唯一想要的就是让男人在她的掌控之下。对她来说，有感情或表露感情都是一种弱点，因此是可鄙的。这种恐惧的一种表达方式是：她在芝加哥开始接受我的精神分析，然后我搬到了纽约；她没有理由不跟我一起去，因为她也可以在那里工作。然而，因为我而去纽约这件事使她非常不安，她骚扰了我三个月，抱怨纽约是个多么丑陋的地方。她这样做的动机是：永远不要屈服，不要为别人做任何事，这意味着依赖是危险的。

这些最重要的原因使得神经症患者极其难以获得满足。然而，我想简要地提一下，他们有哪些可以走的路。我在这里指的是你们都很熟悉的因素。神经症患者试图获得满足的主要方式是：唤起人们对他们的爱的注意；他们对怜悯的呼吁；他们的威胁。

第一种方式的意思可以概括为："我如此爱你，因此，你也必须爱我。"这句话的形式可能不同，但基本立场是一样的。这是爱情关系中很常见的态度。

你也很熟悉诉诸怜悯的方式。这种假设意味着神经症患者完全不相信爱情，并坚信别人对他们怀有敌意。在这种情况下，神经质的人认为，只有强调自己的无助、软弱和不幸，他们才能有所作为。

最后一种方式是威胁。柏林有句谚语很好地表达了这一点："爱我，否则我杀了你。"我们在分析和日常生活中经常看到这种方式。可能会有伤害自己或他人的公然威胁，威胁要自杀、破坏某人的名誉等。然而，当某些对爱的愿望没有得到满足时，它们也可能被伪装起来——例如，以疾病的形式。有无数种方式可以表达完全无意识的威胁。我们在各种关系——恋爱、婚姻，还有医患关系——中都能看到它们。

这种对爱的神经质需求，及其巨大的强度、强迫性和永不满足的特征，如何才能被理解呢？有许多可能的解释。它可能被认为只不过是一种婴儿期特质，但我不这么认为。与成年人相比，儿童确实更需要支持、帮助、保护和温暖——费伦齐就这个问题写了一些很好的论文。之所以如此，是因为孩子比成年人更无助。一个健康的孩子在被善待、受欢迎的氛围中成长，在真正温暖的环境中成长，其对爱的需求不会永不满足。当他跌倒时，他可能会去找他的母亲寻求安慰。而一个被母亲牵着鼻子走的孩子，已经变得神经质了。

也有人认为，对爱的神经质需求是"母亲固着"的一种表现。这一点似乎得到了直接或象征性地表达吮吸母亲乳房或返回子宫愿望的梦的证实。这些人早期的记忆确实表明他们没有得到足够的来自母亲的爱和温暖，或者早在童年时期，他们就被一种类似的强迫性束缚在母亲身上。似乎在第一种情况下，对爱的神经质需求是对母亲的爱的持久渴望的表现。然而，这并不能解释为什么这些孩子如此顽固地坚持对爱的需求，而不是寻找其他可能的解决办法——比如完全不与人交往。在第二种情况下，人们可能会认为它代表了对母亲的依赖的直接重复。然而，这种解释只不过是把问题抛回了一个较早的阶段。为什么这些孩子一开始就需要过分依附于母亲，这一点仍然有待解释。在这两种情况下，这个问题仍然没有答案。在以后的生活中，是什么动力因素维持着童年时期形成的态度，使人无法摆脱这种婴儿期态度？

在许多情况下，显而易见的解释似乎是，对爱的神经质需求是特别强烈的自恋特征的表现。正如我之前指出的，这些人实际上是无法去爱别人的。他们确实以自我为中心。然而，我认为，人们应该非常小心地使用"自恋"这个词。自爱和基于焦虑的自我中心是有很大区别的。我心目中的神经症患者，跟自己的关系一点都不好。一般来说，他们把自己当作最大的敌人，通常他们完全蔑视自己。正如我稍后将说明的那样，他们需要被爱，以获得足够的安全感，并提升他们受到干扰的自尊。

另一个可能的解释是对失去爱的恐惧，弗洛伊德认为这是女性心理特有的。在这些案例中，对失去爱的恐惧确实非常强烈。然而，我怀疑这种现象本身是否需要解释。我相信，只有当我们知道一个人对被爱的重视程度时，我们才能理解这种现象。

最后，我们必须问，对爱的需求增加是否真的是一种力比多现象。弗洛伊德肯定会给出肯定的回答，因为对他来说，爱本身就是一种目标抑制性的性欲。不过，在我看来，这个观点还没有得到证实。人类学的研究似乎表明，柔情和性之间的联系是较晚出现的文化习得行为。如果有人认为对爱的神经质需求是一种基本的性现象，那就很难理解为什么这种需求也出现在那些性生活令人满意的神经质患者身上。此外，这一概念必然会使我们认为性现象不仅包括对爱的渴望，还包括对建议、保护和认可的渴望。

如果把重点放在对爱的神经质需求的无法满足上，那么用力比多理论来解释，整个现象是一种"口欲期固着"或"退行"的表现。这个观点的前提是愿意将非常复杂的心理现象归结为生理因素。我认为，这种假设不仅站不住脚，而且会使我们对心理现象的理解更加困难。

这些解释都有一定正确性，但它们都有一个缺点，那就是它们只关注现象的一个特定方面——要么关注对爱的渴望，要么关注贪得无厌、依赖或自我中心。这就使得人们很难从整体上看这一现象。我的分析性观察表明，所有这些多方面的因素只是一种现象的不同表现和表达。在我看来，如果我们把其看作保护自己不受焦虑影响的方式，我们就能理解整个现象。实际上，这些人的基本焦虑和整体焦虑都在增加。生活告诉我们，他们无休止地寻求爱只不过是减轻这种焦虑的另一种尝试。

分析性观察清楚地表明，当患者产生某种特殊焦虑时，对爱的需求就会增加，而当他们理解这种联系时，这种对爱的需求就会消失。因为在分析情境中，焦虑必然会被激起，所以患者一次又一次地试图依附于分析师是可以理解的。例如，我们可以观察到，一个患者在被压抑的对精神分析师的仇恨下，充满了焦虑。特别是，在这种情况下，他开始寻求与精神分析师建立友谊或产生爱情。我相信，所谓的"积极移情"，以及被解释为对父亲或母亲的原始依恋的重复，在很大程度上是一种寻求自己免于焦虑的保护的愿望。其座右铭是"如果你爱我，你就不会伤害我"。如果把欲望的强迫性和贪得无厌，看作这种保证自己免于焦虑的需求的表现，我们就可以理解这种现象。我相信，如果一个人认识到这种联系，并揭示其所有细节，那么在精神分析中，患者很容易陷入的依赖状态是可以避免的。根据我的经验，如果一个人把患者对爱的需要分析为一种保护自己不受焦虑影响的尝试，那么他就能更快地进入真正焦虑问题的核心。

对爱的神经质需求常常以对分析师的性诱惑的形式出现。患者要么通过行为，要么通过梦来表达他们爱上了精神分析师，并且他们渴望某种形式的性表达。在某些情况下，对爱的需求主要在性领域表现出来。要理解这一现象，我们应该记住，性欲不一定完全表达真正的性需求，性行为也可能代表与他人的一种接触形式。我的经验表明，对爱的神经质需求越容易以性的形式表现出来，与他人的情感关系受到的干扰就越多。我认为，性幻想、梦境等在分析中较早出现是一个信号，说明这个人充满了焦虑，他与他人的关系基本上很差。在这种情况下，性行为是与他人沟通的少数桥梁之一，也可能是唯一桥梁。当对精神分析师的性欲被解释为基于焦虑的接触需求时，它会很容易消失。这就为解决本应被缓和的焦虑开辟了道路。

这种联系有助于我们理解性需求增加的某些情况。简单地说一下这个问题：可以理解的是，那些用性来表达对爱的神经质需求的人，会倾向于开始一段又一段的性关系，就好像是在强迫之下。这是必然的，因为他们与他人的关系受到了太大的干扰，而无法在不同的层面上发展。这些人不容易忍受性克制也是可以理解的。到目前为止我所说的，适用于异性恋倾向的人，同样适用于有同性恋或双性恋倾向的人。很多表现为同性恋倾向的东西，或者被解释为同性恋倾向的东西，实际上是对爱的神经质需求的一种表达。

最后，焦虑和对爱的需求增加之间的联系有助于我们更好地理解俄狄浦斯情结。事实上，对爱的神经质需求的所有表现都可以在弗洛伊德所描述的俄狄浦斯情结中找到：对父母一方的依恋，贪得无厌的对爱的需求，嫉妒，对拒绝的敏感，以及被拒绝后的强烈仇恨。如你所知，弗洛伊德认为俄狄浦斯情结是一种由系统发生学决定的现象。然而，我们关于成年患者的经验让我们想知道，有多少这样的童年时期的反应——弗洛伊德观察得很好——是由焦虑引起的，就像我们在以后的生活中看到的那样。俄狄浦斯情结是一种由生物学决定的现象，这一点在人类学的观察中遭到了质疑——波姆和其他人已经指出了这一点。那些与父亲或母亲关系特别密切的神经症患者的童年历史总是显示出大量这样的因素，这些因素已知会引起儿童的焦虑。从本质上讲，敌意的唤起——这是由于共存的恐吓和自尊的降低而出现的——似乎在这些情况下共同起作用。在这一点上，我无法详细解释为什么被压抑的敌意容易导致焦虑。一般来说，我们可以说，儿童之所以产生焦虑，是因为他们意识到，表达敌对冲动会全然威胁到自己的生存安全。

我最后的评论并不是要否定俄狄浦斯情结的存在和重要性。我只是想质疑它是否是一种普遍现象，以及它在多大程度上是由神经症父母的影响造成的。

最后，我想简单地说一下我所说的基本焦虑增加是什么意思。在"生物焦虑"（Angst der Kreatur）的意义上，它是人类普遍存在的现象。在神经症患者中，这种焦虑加剧了。它可以简单地描述为在一个充满敌意和势不可挡的世界中出现的无助感。在大多数情况下，人们并没有意识到这种焦虑。他们只意识到一系列内容迥异的焦虑：对雷雨的恐惧，对街道的恐惧，对脸红的恐惧，对传染病的恐惧，对考试的恐惧，对铁路的恐惧，等等。当然，一个人为什么会有这种或那种特定的恐惧，在每一种具体的情况下都是确定的。然而，如果我们更深入地观察，我们会发现，所有这些恐惧的强度都来自潜在的不断增加的基本焦虑。

保护自己免受这种基本焦虑的方法有很多。在我们的文化中，以下几种方法是最常见的。第一种方法是对爱的神经质需求，其座右铭是："如果你爱我，你就不会伤害我。"第二种方法是顺从，它的座右铭是："如果我让步，总是按照人们的期望去做，从不要求任何东西，从不反抗，那么就没有人会伤害我。"第三种方法被阿德勒和金克尔描述过。这是一种对权力、成功和财产的强迫性冲动，它的座右铭是："如果我更强大、更成功，那么你就伤害不了我。"第四种方法是在情感上远离人群，以获得安全和独立。这种方法最重要的效果之一是试图完全压抑自己的感情，从而变得坚不可摧。第五种方法是强迫性的财产积累，在这种情况下，它不服从于对权力的驱动，而是服从于独立于他人的愿望。

人们经常会发现，神经症患者并非只选择其中一种方法，而是试图通过完全相反的手段来达到抚平焦虑的目的。这就是导致他们陷入无法解决的冲突的原因。在我们的文化中，最重要的神经症冲突是在任何情况下都成为第一的强迫性的不顾他人的需求，和被所有人爱的需求之间的冲突①。

---

① *The Neurotic Personality of Out Time* (New York, W. W. Norton & Co., Inc., 1937).